für Daniel und Julia

Scriptor Praxis

ATTILA FURDEK (HRSG.) /
MATTHIAS BENKESER / DIANA DRAGMANN

Mathematische Grundlagen verständlich einführen

Erfolgreich unterrichten in den Klassen 11–13

Cornelsen

Die Autoren
Attila Furdek unterrichtet seit 1992 Mathematik am Gymnasium „Heimschule Lender“ in 77880 Sasbach. Mathematik für Schülerinnen und Schüler verständlich zu erklären war und ist ein zentrales Anliegen von ihm. Neben zahlreichen Veröffentlichungen hielt er Vorträge an den didaktischen Seminaren der Universitäten Freiburg und Karlsruhe sowie an der Landesakademie für Fortbildung und Personalentwicklung an Schulen in Esslingen.

Matthias Benkeser unterrichtet seit 2000 Mathematik und Physik am Gymnasium „Heimschule Lender“ in 77880 Sasbach. Er hat mehrere gemeinsame Veröffentlichungen mit Attila Furdek, mit dem er seit über 20 Jahren zusammenarbeitet.

Diana Dragmann studierte Informatik und arbeitet als Softwareentwicklerin, hat aber eine große Vorliebe für Mathematik. Sie arbeitet seit über zehn Jahren mit Attila Furdek und Matthias Benkeser zusammen und hat mehrere gemeinsame Veröffentlichungen mit den beiden Autoren.

Projektleitung: Dorothee Weylandt, Berlin
Lektorat: Kira von Bülow, Hannover
Umschlagfoto: stock.adobe.com / Jo Panuwat D
Umschlaggestaltung: LemmeDESIGN, Berlin
Zeichnungen und Grafiken Innenteil: Attila Furdek und Diana Dragmann, Achern
Layout: LemmeDesign, Berlin
Technische Umsetzung: Compuscript Ireland and Chennai

www.cornelsen.de

1. Auflage 2024

Druck: H. Heenemann, Berlin

ISBN 978-3-589-16944-3

PEFC zertifiziert
Dieses Produkt stammt aus nachhaltig bewirtschafteten Wäldern und kontrollierten Quellen.

www.pefc.de

Inhalt

Vorwort

Es ist von wesentlicher Bedeutung, mathematische Begriffe für alle Lernenden klar und verständlich einzuführen. Wenn dies gelingt, ist eine wichtige Voraussetzung für die weitere Arbeit erfüllt.
Wenn einführende Begriffe, Sätze oder Regeln hingegen unklar bleiben, sind die Lernenden verunsichert und werden dem weiteren Unterricht schwer folgen können. Dies beeinträchtigt auch ihre Motivation.
Ob Lehrprobe eines Referendars, anstehender Unterrichtsbesuch einer Lehrkraft oder einfach im täglichen Unterricht: Es kommt stets darauf an, mathematische Begriffe einfallsreich und gut verständlich einzuführen. Dieser Aspekt ist entscheidend für den Erfolg und für die positive Beurteilung einer jeden Lehrkraft.
In diesem Buch bieten wir bei ausgewählten mathematischen Begriffen, Sätzen und Regeln sehr konkrete didaktische Ansätze an, wie man diese verständlich und schülerfreundlich einführen kann. Alle Ansätze sind im Unterricht mehrfach erprobt und von den Lernenden überaus gut aufgenommen worden.
Die Ansätze beschränken sich mit Absicht auf eine gelungene Einführung der Grundkenntnisse an einigen gezielt ausgewählten Beispielen. Um die Grundfertigkeiten weiter zu üben oder zu vertiefen, kann zum Beispiel das eingeführte Schulbuch verwendet werden. Dies würde sonst den Rahmen des Buches sprengen.
Die Inhalte reichen von der Voroberstufe bis zum Abitur.
Jedes Thema ist eine getrennte Einheit, die unabhängig von den anderen Themen eingesetzt werden kann.
Dieses Buch richtet sich an alle Lehrkräfte, die Mathematik unterrichten und die ab und zu auch etwas Neues ausprobieren möchten, sowie an Lehrkräfte im Referendariat und angehende Lehrkräfte, die auf der Suche nach guten Unterrichtseinstiegen sind.
Jede Einheit fängt mit einer Vorbemerkung an, in der das Autorenteam einige Punkte hervorhebt. Innerhalb der Einheiten werden auch konzeptuelle Überlegungen dargestellt. Die Vorteile der vorgestellten Ansätze werden betont. Jede Einheit ist für den direkten Einsatz im Unterricht ausgearbeitet. Hierzu finden die Leserinnen und die Leser konkrete Hinweise, wie die Einheiten im Unterricht gestaltet werden können.

Bestimmte Ideen und didaktische Ansätze ziehen sich als roter Faden durch das ganze Buch. Dazu gehören das Wecken von Neugier und Interesse, strukturiertes Denken, Analogien, die aktive Beteiligung der Lernenden, entdeckendes Lernen, Schülersprache, Rollenwechsel durch Dialoge, Zurückgreifen auf Bekanntes und vernetztes Denken.
Wir stellen unsere Anregungen im Bewusstsein vor, dass es sich um keine Universalrezepte handelt. Jede Lehrerin und jeder Lehrer kann individuell entscheiden, aus welchen Einheiten man etwas übernehmen will und wie man die jeweiligen Ansätze an die eigene Persönlichkeit anpasst und weiterentwickelt.
Das Buch ist eine Einladung, Grundkenntnisse der Mathematik gut verständlich einzuführen.
Wir hoffen, mit dem Buch eine sinnvolle Ergänzung zu den klassischen Mathematikbüchern anbieten zu können.
Vor allem aber wünschen wir dem Leser und der Leserin viel Spaß bei der Lektüre!

Das Autorenteam

Anmerkung zu den Dialogen aus diesem Buch

Die Dialoge führt die Lehrperson, in verteilten Rollen.
Zum Hintergrund:
Bestimmte Gedanken der Schülerinnen und Schüler werden Lehrpersonen wohl nie erfahren. Kein Schüler wird sich melden und sagen: „Kein normal denkender Mensch würde sich so etwas Seltsames ausdenken. Was soll denn der Quatsch?!“ Aber Lernende denken manchmal so – oder so ähnlich.
Wenn aber das Aussprechen solcher Gedanken tabu ist, dann droht zwischen Lernenden und Lehrperson eine unsichtbare „Mauer des Schweigens“ zu wachsen. Wir möchten hier eine Idee des Autors Attila Furdek vorstellen, wie man diese Mauer durchbrechen kann.
Die Grundidee ist, dass die Lehrperson versteckte Schülergedanken selbst ins Gespräch bringt, auf etwas ungewöhnliche Art und Weise. Dazu haben wir einen Phantomschüler geschaffen: Charly (und später auch Charlene, Charlix usw.). Charly mischt sich regelmäßig in den Unterricht ein und

spricht das aus, was viele Schülerinnen und Schüler denken – oder gut denken könnten. Der Unterricht ist an diesen Stellen ein Dialog zwischen der Lehrperson und Charly.
Den ganzen Dialog führt die Lehrperson, in verteilten Rollen.
Die Gedanken, die wir durch Charly der Klasse mitteilen, sind meistens ehemalige Schülergedanken, die zum Thema passen.
Charly spricht vielen Schülerinnen und Schülern aus der Seele. Und deswegen hört die Klasse auch zu. Um seine Sprüche zu verstehen, müssen sie aber auch den Rest kennen. Und damit ist das Eis gebrochen: Lernende, die normalerweise kaum richtig zuhören würden, werden plötzlich hellhörig und passen auf.
Durch Charly wird Mathematik stets hinterfragt. Mit Goethes Worten: Charly ist der Geist, der stets verneint. Ein Teil von jener Kraft, die stets das Böse will und stets das Gute schafft. Charly ist der Mephisto unseres Unterrichts.

Das Autorenteam

Den 1. Band für die Klassen 7–10 erhalten Sie unter der ISBN 978-3-589-16919-1.

Ableitung

1

Vorbemerkung: Es handelt sich um einen Begriff, dessen Einführung anspruchsvoll ist. Der vorliegende Beitrag betrachtet daher zunächst Situationen aus dem Alltag. Man geht stets mit vielen kleinen Schritten voran. Durch ein passendes Beispiel kommt man von der Durchschnittsgeschwindigkeit zur Momentangeschwindigkeit. Anschließend wird die 1. Ableitung definiert sowie die momentane Änderungsrate angesprochen. Um die Tragweite der 1. Ableitung zu zeigen, gibt es auch Anmerkungen, die über den Tellerrand hinausgehen.

1.1 Einführung

Beispiel 1: „Radarfalle"
Die Lehrperson fragt die Klasse:
Wie funktioniert die sogenannte „Radarkontrolle" für Autofahrer?
Das Wichtigste wird mündlich zusammengefasst.
Es gibt zwei fest montierte Lichtsensoren, die jedes vorbeifahrende Auto erfassen und die Zeiten dazwischen messen. Mit der Formel $v = \frac{s}{t}$ berechnet eine Software die Geschwindigkeit.
Es ist zu betonen, dass es sich dabei nur um eine **Durchschnittsgeschwindigkeit** handelt. Dies kann man anhand einer Situation aus dem Alltag schildern: Es gab Zeiten, als die zwei Lichtsensoren 100 m auseinander lagen. Dabei ist es vorgekommen, dass jemand in einer Ortschaft den ersten Sensor mit 80 km/h passierte, aber gleich durch eine Lichthupe gewarnt wurde. Er hat daraufhin stark gebremst und fuhr beim zweiten Sensor nur mit 20 km/h vorbei. Die Software ermittelte eine Durchschnittsgeschwindigkeit von 50 km/h. Der Fahrer kam also ungeschoren davon.
Vorteil: Die Klasse spürt an einem Beispiel, dass die Durchschnittsgeschwindigkeit in bestimmten Situationen nicht zufriedenstellend ist.

Beispiel 2: Tachometer
Die Lehrperson fragt die Klasse:
Woher weiß das Tachometer, wie schnell man gerade fährt?
Das Wichtigste wird mündlich zusammengefasst.
Eine Software misst die Anzahl der Drehungen der Achse pro Sekunde. Jede volle Drehung bedeutet eine gefahrene Strecke, die dem Umfang eines Rades entspricht. Da die Angaben des Reifens bekannt sind, kann man

den Umfang und damit die gefahrene Strecke ermitteln. Mit der Formel $v = \frac{s}{t}$ berechnet eine Software immer wieder die jeweilige Geschwindigkeit, die dann angezeigt wird.

Es ist zu betonen, dass es sich dabei nur um eine **Durchschnittsgeschwindigkeit** handelt.

Vorteil: Durch zwei Beispiele werden bestimmte Gemeinsamkeiten hervorgehoben.

Man betrachtet nun ein Beispiel aus dem Weltall, bei dem das Zeit-Weg-Gesetz angegeben ist.

Beispiel 3: NASA-Rakete

Es gibt mehrere Arbeitsaufträge, die nach und nach formuliert und gleich im Anschluss auch gelöst werden.

Die NASA startet im Weltall eine Rakete. Das Zeit-Weg-Gesetz für die ersten zehn Sekunden lautet $s(t) = 600t^2$ (t die Zeit in Sekunden, s(t) der zurückgelegte Weg in Metern).

a) Berechnen Sie den zurückgelegten Weg nach 3 Sekunden und nach 5 Sekunden.

Ergebnisse: s(3) = 5 400 m, s(5) = 15 000 m

b) Berechnen Sie die Durchschnittsgeschwindigkeit der Rakete zwischen der 3. und der 5. Sekunde.

Lösung: Es vergehen 2 Sekunden (5 – 3) und die Rakete legt 9 600 m zurück (15 000 – 5 400).

Anschaulich:

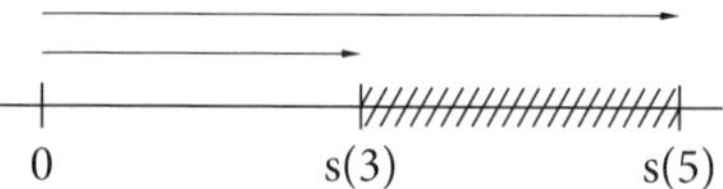

Man kann einen Ausdruck hinschreiben, in dem die Struktur der Formel zunächst erkennbar bleibt.

$$\frac{s(5) - s(3)}{5 - 3} = \frac{15\,000 - 5\,400}{2} = 4\,800\ \frac{m}{s}$$

c) Berechnen Sie die Durchschnittsgeschwindigkeit im Zeitraum zwischen 3 s und 3,1 s.

Lösung: Man kann den entsprechenden Term direkt aufstellen und berechnen lassen.

$$\frac{s(3{,}1) - s(3)}{3{,}1 - 3} = \frac{5\,766 - 5\,400}{0{,}1} = 3\,660\ \frac{m}{s}$$

Die Lehrperson kann folgende Frage aufwerfen:

Wieso bekamen wir bei b) und c) zwei unterschiedliche Geschwindigkeiten?
Es ist doch dieselbe Rakete, das Zeit-Weg-Gesetz blieb auch unverändert.
Eine korrekte Antwort: Die Rakete fliegt nicht mit einer konstanten Geschwindigkeit, denn sie beschleunigt.

d) Berechnen Sie die Durchschnittsgeschwindigkeit im Zeitraum zwischen 3 s und 3,001 s.
Lösung:

$$\frac{s(3{,}001) - s(3)}{3{,}001 - 3} = \frac{5\,403{,}6006 - 5\,400}{0{,}001} = 3\,600{,}6\,\frac{\text{m}}{\text{s}}$$

Die Zeit ist reif, eine entscheidende Frage zu stellen.
Frage des Tages: Was ist die **Momentangeschwindigkeit** der Rakete nach Ablauf von 3 Sekunden?
Einige Lernende sehen vermutlich nicht die Notwendigkeit, sich mit dieser Frage auseinanderzusetzen. Daher kann man an dieser Stelle ein weiteres Beispiel aus dem Alltag bringen.

Beispiel 4: Aufprall
Herr Müller hat einen leichten Autounfall. Sein Wagen prallt gegen einen Baum. Er bleibt unverletzt, spürt aber einen Schlag im Brustbereich. Wie groß dieser Schlag ist, hängt alleine von jener Momentangeschwindigkeit ab, mit der sein Wagen gegen den Baum prallt – und nicht von irgendwelchen Durschnittsgeschwindigkeiten.
Vorteil: Die Klasse spürt, dass es in bestimmten Situationen auf die Momentangeschwindigkeit ankommt.
Zurück zur Frage des Tages.
Der Ansatz

$$\frac{s(3) - s(3)}{3 - 3} = \frac{0}{0}$$

funktioniert nicht, da man durch null nicht teilen darf.
Man kann zunächst auf die Ergebnisse der Punkte b), c) und d) zurückgreifen:

Zeitspanne (s)	Durchschnittsgeschwindigkeit (m/s)
2	4 800
0,1	3 660
0,001	3 600,6
↓	↓

Die Lehrperson kann die Klasse bitten, die zwei, durch Pfeile markierten Trends mit Worten zu beschreiben.

Eine mögliche Antwort: Wenn die Zeitspanne gegen null läuft, dann wird aus der Durchschnittsgeschwindigkeit die Momentangeschwindigkeit.
Vorteil: Die Klasse hat diesen Zusammenhang selbst entdeckt.
Obwohl jetzt viele Lernende das Phänomen besser verstanden haben, wäre es trotzdem illusorisch zu erwarten, dass jemand gleich die h-Methode entdeckt. Man kann noch einen Zwischenschritt einführen, in dem man die Brüche aus b), c) und d) so schreibt, dass darin die Zahlen 2, 0,1 und 0,001 vorkommen.

$$\frac{s(3+2)-s(3)}{2}$$

$$\frac{s(3+0{,}1)-s(3)}{0{,}1}$$

$$\frac{s(3+0{,}001)-s(3)}{0{,}001}$$

Allgemeiner:

$$\frac{s(3+?)-s(3)}{?}$$

Was könnte man nun statt „?" schreiben?
Vorteil: Selbst, wenn niemand die Idee hat, einen Parameter zu betrachten, wird die h-Methode schlüssig erscheinen. Den mathematischen Durchbruch erlebt die Klasse als naheliegend und nicht als willkürlich.

$$\frac{s(3+h)-s(3)}{h}$$

Wenn h Richtung null läuft, dann wird aus der Durchschnittsgeschwindigkeit die Momentangeschwindigkeit.
Statt h kann man jedoch nicht null einsetzen, da keine Null im Nenner stehen darf.
Nebenrechnung:
$s(3+h) = 600(3+h)^2 = 600(9+6h+h^2) = 5\,400 + 3\,600\,h + h^2$
Damit gilt:

$$\frac{s(3+h)-s(3)}{h} = \frac{5\,400 + 3\,600h + h^2 - 5\,400}{h} = \frac{3\,600h + h^2}{h}$$

Statt h kann man immer noch nicht null einsetzen, da keine Null im Nenner stehen darf.
Die Lehrperson kann die letzten Schritte mit nichtmathematischen Sprüchen auflockern, die jeweils den Nerv treffen.

$$\frac{3\,600h + h^2}{h} = \frac{h(3\,600+h)}{h} = 3\,600 + h \xrightarrow[\text{Du darfst!}]{h\to 0} 3\,600 + 0 = 3\,600$$

↑ Giftzahn ziehen

Deutung des Ergebnisses: Die Momentangeschwindigkeit der Rakete ist nach Ablauf von 3 Sekunden 3 600 $\frac{m}{s}$.
Also $v(3) = 3\,600 \frac{m}{s}$.
Die Lehrperson kann an dieser Stelle erwähnen:
Ähnliche Fragestellungen wie die nach der Momentangeschwindigkeit gab es bereits in der Antike. Bis Mathematiker und Mathematikerinnen solche Fragen in dieser Form beantworten konnten, vergingen jedoch über 2 000 Jahre. Selbst dann brauchte man noch Jahre, bis man die Grundidee der obigen Vorgehensweise „mathematisch sauber" ausdrücken konnte.
Vorteil: Wenn es bei den großen Mathematikern und Mathematikerinnen so lange dauerte und zäh voranging, dann ist es doch in Ordnung, wenn die Lernenden diese Einführung als ungewöhnlich oder schwierig empfinden.
In der Mathematik ist noch eine andere Schreibweise üblich:

$$\lim_{h \to 0} \frac{s(3 + h) - s(3)}{h} = 3\,600$$

oder

$$v(3) = \lim_{h \to 0} \frac{s(3 + h) - s(3)}{h}$$

Die Lehrperson kann nun der Klasse folgende Frage stellen:
Mit welchem Ansatz kann man die Momentangeschwindigkeit der Rakete nach 4 Sekunden ermitteln?

Antwort: $v(4) = \lim_{h \to 0} \frac{s(4 + h) - s(4)}{h}$

Die Berechnung von v(4) und das Üben der Rechentechnik erfolgt zu einem späteren Zeitpunkt.
Die Zeit ist reif, statt 3 oder 4 eine beliebige Zahl zu nehmen.
Mit welchem Ansatz kann man die Momentangeschwindigkeit der Rakete nach x_0 Sekunden ermitteln?

Antwort: $v(x_0) = \lim_{h \to 0} \frac{s(x_0 + h) - s(x_0)}{h}$

Jetzt kann man die 1. Ableitung allgemein definieren.

1.2 Die Definition der 1. Ableitung

Im Einführungsbeispiel stießen wir auf diesen Grenzwert:

$$\lim_{h \to 0} \frac{s(x_0 + h) - s(x_0)}{h}$$

Wenn man die Funktion s in f umbenennt, so erhält man:

$$\lim_{h \to 0} \frac{f(x_0 + h) - f(x_0)}{h}$$

Definition: Der Grenzwert

$$\lim_{h \to 0} \frac{f(x_0 + h) - f(x_0)}{h}$$

heißt **1. Ableitung** der Funktion f an der Stelle x_0.

Bezeichnung: $f'(x_0) = \lim\limits_{h \to 0} \frac{f(x_0 + h) - f(x_0)}{h}$

Vorteil: Die Struktur des Bruches sowie der Grenzwertübergang ist der Klasse aus Beispiel 3 bekannt.

Die Existenz des Grenzwertes bzw. dass er eine endliche Zahl sein muss, kann später thematisiert werden.

Die Lehrperson greift nun erneut das Beispiel 3 auf.

Bei der NASA-Rakete sind die Durschnittsgeschwindigkeiten **mittlere Änderungsraten**. Die Geschwindigkeit v(3) ist eine **momentane Änderungsrate**.

Allgemein gilt: Die momentane Änderungsrate des Zeit-Weg-Gesetzes ist die Geschwindigkeit.

Anders ausgedrückt: Die 1. Ableitung des Zeit-Weg-Gesetzes ist die Geschwindigkeit.

Beachte: Die **1. Ableitung** und **momentane Änderungsrate** sind synonyme Ausdrücke.

Das Phänomen wird nun an einem anderen Beispiel erläutert.

Die Geschwindigkeit kann sich auch ändern. Was ist die momentane Änderungsrate der Geschwindigkeit?

Antwort: Die momentane Änderungsrate der Geschwindigkeit ist die Beschleunigung.

Anders ausgedrückt: Die 1. Ableitung der Geschwindigkeit ist die Beschleunigung.

Die 1. Ableitung stellt einen zentralen Begriff der Mathematik dar. Die bloße Ermittlung einer Momentangeschwindigkeit vermittelt diese Wichtigkeit jedoch nicht. Die Lehrperson zeigt nun die Tragweite des Begriffes. Eine Möglichkeit hierfür:

Fast die ganze Welt verändert sich ständig. Die 1. Ableitung ist geeignet, diese Änderungen mathematisch hautnah zu erfassen. Man kann darin förmlich den Puls der Zeit spüren! Dies ist der Fall in der Physik, in anderen Wissenschaften ebenso, aber zum Beispiel auch gesellschaftliche Änderungen. Daher stellt die 1. Ableitung einen zentralen Begriff der Mathematik dar.

Es gibt auch Lernende, denen diese Argumentation zu abstrakt vorkommt. Ihnen – und natürlich allen anderen auch – kann man ein anderes, nichtmathematisches Beispiel aus dem Alltag nennen.
Wie sich jemand gerade fühlt, das bestimmt seine momentane Laune. Man könnte daher auch sagen:
Die erste Ableitung der Laune eines Menschen ergibt sein momentanes Wohlgefühl.
Vorteil: Dieses nichtmathematische Beispiel spricht eine große Mehrheit an, sie bekommen ein Gefühl dafür. Diese intuitive Beschreibung erhöht auch die Akzeptanz der mathematischen Anwendungen.

1.3 Die x-Methode

Alternativ zur h-Methode wird nun den Lernenden die x-Methode gezeigt. Einen Begriff darf man aber nicht auf zwei Arten definieren. Es handelt sich daher nur um eine neue Rechentechnik.

h

x_0 x

Es gilt: $x - x_0 = h$ und $x - x_0 + h$.
Wenn h Richtung null läuft, dann läuft x gegen x_0.
Eingesetzt in

$$f'(x_0) = \lim_{h \to 0} \frac{f(x_0 + h) - f(x_0)}{h}$$

bekommt man:

$$f'(x_0) = \lim_{x \to x_0} \frac{f(x) - f(x_0)}{x - x_0} \text{ (x-Methode)}$$

Aufgabe
Es ist $f(x) = 600x^2$. Berechnen Sie f'(3) mit der x-Methode.

Lösung

$$f'(3) = \lim_{x \to 3} \frac{f(x) - f(3)}{x - 3} = \lim_{x \to 3} \frac{600x^2 - 600 \cdot 3^2}{x - 3}$$

Man kann für x die 3 nicht einsetzen, da im Nenner nicht null stehen darf.

$$f'(3) = \lim_{x \to 3} \frac{600(x^2 - 3^2)}{x - 3} = \lim_{x \to 3} \frac{600(x - 3)(x + 3)}{x - 3}$$

Man kann den Bruch mit (x – 3) kürzen und nachher x = 3 einsetzen.

$$f'(3) = \lim_{x \to 3}[600 \cdot (x + 3)] = 600 \cdot (3 + 3) = 3\,600, \text{ also } f'(3) = 3600$$

Eigentlich berechnete man die 1. Ableitung des Zeit-Weg-Gesetzes der NASA-Rakete an der Stelle $x_0 = 3$ mit der x-Methode. Das bekannte Ergebnis 3 600 wurde noch einmal bestätigt.

2 Kettenregel

Vorbemerkung: Die Kettenregel ist aus Sicht der Lernenden eine schwierige Ableitungsregel. Deswegen wird für die Einführung und das Einüben viel Zeit eingeplant.
Häufig wird zunächst die Verkettung von zwei Funktionen u und v eingeführt. Bereits die korrekte Ermittlung von u und v stellt aber für viele Schülerinnen und Schüler ein Problem dar. Hinzu kommt, dass die Kettenregel später nicht mit u und v, sondern einfach intuitiv angewendet wird. Diese Diskrepanz zwischen überfrachteter Theorie und alltäglichem Ableiten ist nicht nur verwirrend, sondern kann zu Fehlern bei der Anwendung der Regel führen.
Der vorliegende Beitrag schlägt deshalb eine andere Herangehensweise vor: Die Kettenregel wird zunächst an einigen Beispielen spielerisch eingeführt. Die Schülerinnen und Schüler erfahren, wie sie die Regel mit diesem Ansatz ganz ohne u und v anwenden können. Es folgt später auch eine Formulierung mit u und v, aber auf den Begriff Verkettung wird verzichtet. Unsere Erfahrungswerte aus den letzten 20 Jahren zeigen, dass die Anwendung der Kettenregel auf diese Art für die Mehrheit der Schülerinnen und Schüler viel einfacher ist.
Ein Beweis der Kettenregel wird nur optional angeboten.

2.1 Einführung

Die Lehrperson fordert die Klasse auf, die Funktion $f(x) = (x^2)^5$ abzuleiten. Wie bei einem Brainstorming schreibt die Lehrperson alle Antworten, die den Schülerinnen und Schülern innerhalb von ein bis zwei Minuten einfallen, kommentarlos an die Tafel. In der Regel kommen falsche Antworten wie $f'(x) = (2x)^5$, $f'(x) = 5(x^2)^4$ oder sogar $f'(x) = 5(2x)^4$. Nach der Sammlung von Antworten bespricht die Lehrperson die richtige Lösung mit der Klasse.
$f(x) = (x^2)^5 = x^{2 \cdot 5} = x^{10}$
Daher gilt:
$f'(x) = 10x^9$
Die bekannte Ableitungsregel $(x^k)' = kx^{k-1}$ hat zu mehreren falschen Ergebnissen geführt. Da es die zwei Hochzahlen 2 und 5 gibt, bekommt man, je nachdem, was man als k betrachtet, unterschiedliche Ergebnisse.

Außerdem kann man den Term der abzuleitenden Funktion nicht immer so vereinfachen wie in der obigen Aufgabe, siehe zum Beispiel $f(x) = (x^4 + 1)^{100}$.
Vorteil: Die Klasse erkennt die Notwendigkeit einer neuen Ableitungsregel.

2.2 Die Kettenregel spielerisch eingeführt: Sternchen-Regel

Die Lehrperson teilt der Klasse mit, dass sie nun eine neue Ableitungsregel zunächst an Beispielen lernen werden.

Beispiel 1
$f(x) = \sin(x^3)$
$f'(x) = ?$

1. *Schritt:* Den Term aus der Klammer bezeichnet man mit $*$.
   $* = x^3$
   $(\sin(*))' = ?$
2. *Schritt:* Man leitet die entsprechende bekannte Grundfunktion ab.
   $(\sin(x))' = \cos(x)$
3. *Schritt:* Man wendet das Ergebnis des 2. Schrittes mit $*$ an, und zwar:
   $(\sin(*))' = \cos(*) \cdot *'$ (Sternchen-Regel)
   Anmerkung: Neu ist nur der Term „$\cdot *'$". Dies ist das Besondere an der Sternchen-Regel.
4. *Schritt:* Man setzt in die Sternchen-Regel statt $*$ den Term x^3 ein.
   $(\sin(x^3))' = \cos(x^3) \cdot (x^3)' = \cos(x^3) \cdot 3x^2$
   Damit ist $f'(x) = \cos(x^3) \cdot 3x^2$

Vorteil: Jeder Schritt ist gut nachvollziehbar. Man greift auf Bekanntes zurück.
Beachte: Beim letzten Schritt reicht es, wenn man statt $*$ den vorher festgelegten Term einsetzt.
Man hat die Regel eingeführt, ohne zu begründen, warum beim 3. Schritt „$\cdot *'$" dazu kommt. Aus didaktischer und psychologischer Sicht ist es daher sinnvoll, dass die Klasse nun die Sternchen-Regel am Beispiel aus 2.1 prüft.
$f(x) = (x^2)^5$
$f'(x) = ?$

1. *Schritt:* Den Term aus der Klammer bezeichnet man mit $*$.
   $* = x^2$
   $(*^5)' = ?$

2. *Schritt:* Man leitet die entsprechende bekannte Grundfunktion ab.
   $(x^5)' = 5x^4$
3. *Schritt:* Man wendet das Ergebnis des 2. Schrittes mit $*$ an, und zwar:
   $(*^5)' = 5(*^4) \cdot *'$ (Sternchen-Regel)
4. *Schritt:* Man setzt in die Sternchen-Regel statt $*$ den Term x^2 ein.
   $((x^2)^5)' = 5 \cdot (x^2)^4 \cdot (x^2)' = 5x^8 \cdot 2x = 10x^9$
   Also: $f'(x) = 10x^9$

Vorteil: Das bekannte Ergebnis wurde bestätigt. Dies erhöht die Akzeptanz der neuen Regel.

Beispiel 2

$f(x) = (\sin(x))^3$

$f'(x) = ?$

1. *Schritt:* Den Term aus der Klammer bezeichnet man mit $*$.
   $* = \sin(x)$
   $(*^3)' = ?$
2. *Schritt:* Man leitet die entsprechende bekannte Grundfunktion ab.
   $(x^3)' = 3x^2$
3. *Schritt:* Man wendet das Ergebnis des 2. Schrittes mit $*$ an, und zwar:
   $(*^3)' = 3(*^2) \cdot *'$ (Sternchen-Regel)
4. *Schritt:* Man setzt in die Sternchen-Regel statt $*$ den Term $\sin(x)$ ein.
   $((\sin(x))^3)' = 3(\sin(x))^2 \cdot (\sin(x))' = 3(\sin(x))^2 \cdot \cos(x)$
   Damit ist $f'(x) = 3(\sin(x))^2 \cdot \cos(x)$.

Beispiel 1 und Beispiel 2 haben viele Gemeinsamkeiten: Es kommen sin, x und hoch 3 vor, aber die Klammern sind anders gesetzt.

Vorteil: Die Klasse gewinnt die Erkenntnis, dass die Klammersetzung auch bei Ableitungen das Ergebnis beeinflusst.

Die Lehrperson untersucht nun mit der Klasse einen weiteren Sonderfall.

$f(x) = (x)^4$

Die erste Ableitung kann man hier sofort bilden:

$f'(x) = 4x^3$

Nun wendet man die Sternchen-Regel an.

1. *Schritt:* $* = x$
   $(*^4)' = ?$
2. *Schritt:* $(x^4)' = 4x^3$
3. *Schritt:* Man wendet das Ergebnis des 2. Schrittes mit $*$ an:
   $(*^4)' = 4*^3 \cdot *'$ (Sternchen-Regel)
4. *Schritt:* Man setzt in die Sternchen-Regel statt $*$ den Term x ein.
   $(x^4)' = 4x^3 \cdot x' = 4x^3 \cdot 1 = 4x^3$ $f'(x) = 4x^3$

Vorteil: Das Ergebnis der direkten Ableitung wurde bestätigt. Dies erhöht die Akzeptanz der neuen Regel.
Die Lehrperson betont:
Jede Ableitungsregel kann als Kettenregel aufgefasst werden. Bei $\ast = x$ geht es aber einfacher, direkter.

2.3 Mathematische Formulierung der Kettenregel

2.3.1 Kettenregel

Kettenregel: Es sei $f(x) = u(v(x))$, wobei u und v differenzierbare Funktionen sind.
Dann ist f ebenfalls differenzierbar und es gilt:
$f'(x) = u'(v(x)) \cdot v'(x)$
Die Lehrperson stellt der Klasse in Aussicht, dass diese Regel später bewiesen wird.
Die Lehrperson greift Beispiel 1 aus 2.2 noch einmal auf.
$f(x) = \sin(x^3)$
In diesem Fall ist $u(x) = \sin(x)$ und $v(x) = x^3$.
Probe: $f(x) = u(v(x)) = u(x^3) = \sin(x^3)$ und es stimmt.
Es ist $u'(x) = \cos(x)$ und $v'(x) = 3x^2$.
Laut Kettenregel gilt:
$f'(x) = u'(v(x)) \cdot v'(x) = \cos(x^3) \cdot 3x^2$
Das Ergebnis aus 2.2 wurde noch einmal bestätigt.
Vorteil: Dies erhöht die Akzeptanz der Kettenregel aus 2.3
Bei der Sternchen-Regel war in diesem Beispiel $\ast = x^3$.
Ein Vergleich zeigt: Bei der Kettenregel steht v(x) anstelle von $\ast$.
Es folgt nun ein ausführlicherer Vergleich mithilfe von Beispiel 1.

Sternchen-Regel	**Kettenregel**
$\ast$	$v(x)$
$\ast'$	$v'(x)$
$(\sin(\ast))' = \cos(\ast) \cdot \ast'$	$f'(x) = u'(v(x)) \cdot v'(x)$

Vorteil: Die Klasse stellt fest, dass die Sternchen-Regel und die Kettenregel dasselbe ausdrücken.
Die Lehrperson ermutigt die Klasse, weiterhin mit der Sternchen-Regel zu arbeiten. Das Arbeiten mit u und v ist ebenfalls möglich (aber kein Muss!).
Vorteil: Die Klasse kann die Kettenregel anwenden, ohne den Begriff Verkettung zu kennen.

2.3.2 Anwendungen

Aufgabe

Bilden Sie die erste Ableitung für die Funktionen:

a) $f(x) = \cos(\sqrt{x})$

b) $f(x) = \sqrt{\cos(x)}$

c) $f(x) = (2x^5 - 3x)^3$

d) $f(x) = \sin(e^x)$

Beachte: Die Lösungsmethode kann frei gewählt werden.

Lösung (mit beiden Ansätzen)

a) Sternchen-Methode

$* = \sqrt{x}$

$(\cos(*))' = ?$

$(\cos(x))' = -\sin(x)$

$(\cos(*))' = -\sin(*) \cdot *'$

$f'(x) = -\sin(\sqrt{x}) \cdot (\sqrt{x})' = -\sin(\sqrt{x}) \cdot \frac{1}{2\sqrt{x}}$

Methode mit u und v

$u(x) = \cos(x),\ u'(x) = -\sin(x)$

$v(x) = \sqrt{x},\ v'(x) = \frac{1}{2\sqrt{x}}$

$f'(x) = u'(v(x)) \cdot v'(x)$

$f'(x) = u'(\sqrt{x}) \cdot \frac{1}{2\sqrt{x}} = -\sin(\sqrt{x}) \cdot \frac{1}{2\sqrt{x}}$

b) Sternchen-Methode

Neu ist hier, dass der $*$-Term nicht in Klammern steht. Diese kann man sich dazuschreiben: $f(x) = \sqrt{(\cos(x))}$. Erfahrungsgemäß wählen aber fast alle Schülerinnen und Schüler $*$ intuitiv richtig.

$* = \cos(x)$

$(\sqrt{*})' = ?$

$(\sqrt{x})' = \frac{1}{2\sqrt{x}}$

$(\sqrt{*})' = \frac{1}{2\sqrt{*}} \cdot *'$

$f'(x) = \frac{1}{2\sqrt{\cos(x)}} \cdot (-\sin(x)) = -\frac{\sin(x)}{2\sqrt{\cos(x)}}$

Methode mit u und v

$u(x) = \sqrt{x}$, $u'(x) = \frac{1}{2\sqrt{x}}$

$v(x) = \cos(x)$, $v'(x) = -\sin(x)$

$f'(x) = u'(v(x)) \cdot v'(x)$

$f'(x) = u'(\cos(x)) \cdot (-\sin(x)) = \frac{1}{2\sqrt{\cos(x)}} \cdot (-\sin(x))$

$f'(x) = -\frac{\sin(x)}{2\sqrt{\cos(x)}}$

c) Sternchen-Methode

$* = 2x^5 - 3x$

$(*^3)' = ?$

$(x^3)' = 3x^2$

$(*^3)' = 3*^2 \cdot *'$

$f'(x) = 3(2x^5 - 3x)^2 \cdot (2x^5 - 3x)'$

$f'(x) = 3(2x^5 - 3x)^2 \cdot (10x^4 - 3)$

Anmerkung: An eine weitere Vereinfachung ist nicht gedacht.

Methode mit u und v

$u(x) = x^3$, $u'(x) = 3x^2$

$v(x) = 2x^5 - 3x$, $v'(x) = 10x^4 - 3$

$f'(x) = u'(v(x)) \cdot v'(x)$

$f'(x) = u'(2x^5 - 3x) \cdot (10x^4 - 3) = 3(2x^5 - 3x)^2 \cdot (10x^4 - 3)$

d) Sternchen-Methode

$* = e^x$

$(\sin(*))' = ?$

$(\sin(x))' = \cos(x)$

$(\sin(*))' = (\cos(*)) \cdot *'$

$f'(x) = (\cos(e^x)) \cdot (e^x)' = \cos(e^x) \cdot e^x$

Methode mit u und v

$u(x) = \sin(x)$, $u'(x) = \cos(x)$

$v(x) = e^x$, $v'(x) = e^x$

$f'(x) = u'(v(x)) \cdot v'(x)$

$f'(x) = u'(e^x) \cdot e^x = \cos(e^x) \cdot e^x$

2.4 Mehrfachverkettungen

2.4.1 Musteraufgabe

Leiten Sie ab: $f(x) = (\cos(\sin(x)))^5$.

Lösung (nur die Sternchen-Regel):
Es gibt mehrere Klammern. Zunächst muss man klären, was $*$ ist.
Merke: Bei mehreren Klammern ist $*$ zunächst der Term in der äußersten Klammer.
$* = \cos(\sin(x))$
$(*^5)' = ?$
$(x^5)' = 5x^4$
$(*^5)' = 5*^4 \cdot *'$
$f'(x) = 5(\cos(\sin(x)))^4 \cdot (\cos(\sin(x)))' \leftarrow$

Die Berechnung von $(\cos(\sin(x)))'$ ist im Gegensatz zu den bisherigen Beispielen nicht offensichtlich, denn auch hier ist die Kettenregel erforderlich. Was ist also zu tun?
Merke: Kommt bei einer Ableitung mehr als einmal die Kettenregel vor, so wendet man die Sternchen-Regel mehrfach nacheinander an.
Die Lösung ist besser nachvollziehbar, da man kleinere Einheiten nach und nach berechnet. Um den roten Faden nicht zu verlieren, wird die Stelle, an der man eine neue Rechnung angefangen hat, mit einem Pfeil markiert. Der Lehrer trägt erst jetzt bei der letzten Rechenzeile, die an der Tafel steht, den Pfeil $\leftarrow$ ein.
Nebenrechnung: $(\cos(\sin(x)))' = ?$
$* = \sin(x)$
$\cos(*)' = ?$
$(\cos(x))' = -\sin(x)$
$\cos(*)' = -\sin(*) \cdot *'$
$(\cos(\sin(x)))' = -\sin(\sin(x)) \cdot (\sin(x))' = -\sin(\sin(x)) \cdot \cos(x)$
Mit diesem Teilergebnis kehrt man nun zur Zeile mit dem Pfeil zurück.
Die Ableitung von $f(x) = (\cos(\sin(x)))^5$ ergibt sich zu:
$f'(x) = 5(\cos(\sin(x)))^4 \cdot (-\sin(\sin(x)) \cdot \cos(x))$
$f'(x) = -5\cos(x) \cdot (\cos(\sin(x)))^4 \cdot \sin(\sin(x))$

2.4.2 Weitere Mehrfachverkettungen

Aufgabe
Bilden Sie die erste Ableitung für die Funktionen:
a) $f(x) = \sin(\sqrt{\cos(x)})$
b) $g(x) = \sin(\cos(\sqrt{x}))$
c) $h(x) = \sqrt{\sin(\cos(x))}$
d) $k(x) = \sqrt{\sin(e^{8x})}$
e) $l(x) = \sin(\sqrt{e^{8x}})$

Lösung (nur mit der Sternchen-Regel)

a) $f'(x) = \cos(\sqrt{\cos(x)}) \cdot (\sqrt{\cos(x)})'$,

$\quad$ mit $\ast = \sqrt{\cos(x)}$, $(\sin(\ast))' = (\cos(\ast)) \cdot \ast'$

$f'(x) = \cos(\sqrt{\cos(x)}) \cdot \frac{1}{2\sqrt{\cos(x)}} \cdot (-\sin(x))$,

$\quad$ mit $\ast = \cos(x)$, $(\sqrt{\ast})' = \frac{1}{2\sqrt{\ast}} \cdot \ast'$

b) $g'(x) = \cos(\cos(\sqrt{x})) \cdot (\cos(\sqrt{(x)}))'$,

$\quad$ mit $\ast = \cos(\sqrt{x})$, $(\sin(\ast))' = \cos(\ast) \cdot \ast'$

$g'(x) = \cos(\cos(\sqrt{x})) \cdot (-\sin(\sqrt{x}) \cdot \frac{1}{2\sqrt{x}})$,

$\quad$ mit $\ast = \sqrt{\ast}$, $(\cos(\ast))' = -\sin(\ast) \cdot \ast'$

c) $h'(x) = \frac{1}{2\sqrt{\sin(\cos(x))}} \cdot (\sin(\cos(x)))'$,

$\quad$ mit $\ast = \sin(\cos(x))$, $(\sqrt{\ast})' = \frac{1}{2\sqrt{\ast}} \cdot \ast'$

$h'(x) = \frac{1}{2\sqrt{\sin(\cos(x))}} \cdot \cos(\cos(x)) \cdot (-\sin(x))$,

$\quad$ mit $\ast - \cos(x)$, $(\sin \ast)' = \cos(\ast) \cdot \ast'$

d) $k'(x) = \frac{1}{2\sqrt{\sin(e^{8x})}} \cdot (\sin(e^{8x}))'$, mit $\ast = \sin(e^{8x})$, $(\sqrt{\ast})' = \frac{1}{2\sqrt{\ast}} \cdot \ast'$

$\quad = \frac{1}{2\sqrt{\sin(e^{8x})}} \cdot \cos(e^{8x}) \cdot (e^{8x})'$, mit $\ast = e^{8x}$, $(\sin(\ast))' = \cos(\ast) \cdot \ast'$

$\quad = \frac{1}{2\sqrt{\sin(e^{8x})}} \cdot \cos(e^{8x}) \cdot e^{8x} \cdot 8$, mit $\ast = 8x$, $(e^{*})' = e^{*} \cdot \ast'$

e) $l'(x) = \cos(\sqrt{e^{8x}}) \cdot (\sqrt{e^{8x}})'$, mit $\ast = \sqrt{e^{8x}}$, $(\sin(\ast))' = \cos(\ast) \cdot \ast'$

$\quad = \cos(\sqrt{e^{8x}}) \cdot \frac{1}{2\sqrt{e^{8x}}} \cdot (e^{8x})'$, mit $\ast = e^{8x}$, $(\sqrt{\ast})' = \frac{1}{2\sqrt{\ast}} \cdot \ast'$

$\quad = \cos(\sqrt{e^{8x}}) \cdot \frac{1}{2\sqrt{e^{8x}}} \cdot e^{8x} \cdot 8$, mit $\ast = 8x$, $(e^{*})' = e^{*} \cdot \ast'$

Zum Schluss folgt noch der Beweis der Kettenregel. Dieser ist für die Schulmathematik ziemlich anspruchsvoll. Für gute und interessierte Schülerinnen und Schüler kann er sehr lehrreich sein, die anderen wird er aber vermutlich etwas überfordern. Daher regt das Autorenteam an:
Der Beweis sollte optional sein und bleiben.
Den Beweis kann man für eine spätere Stunde einplanen.
Man kann der Klasse anbieten: Sie brauchen nicht mitschreiben, Sie sollten nur aufpassen und mitdenken. Den kompletten Beweis teilt die Lehrperson anschließend als Kopie aus.

2.5 Beweis der Kettenregel

Es ist zu zeigen:

Wenn $f(x) = u(v(x))$, dann gilt $f'(x) = u'(v(x)) \cdot v'(x)$, wobei u und v differenzierbare Funktionen sind.

Wir verwenden hierfür die x-Methode. Wir legen ein beliebiges x_0 fest und arbeiten mithilfe der Definition.

$$f'(x_0) = \lim_{x \to x_0} \frac{f(x) - f(x_0)}{x - x_0}$$

$$= \lim_{x \to x_0} \frac{u(v(x)) - u(v(x_0))}{x - x_0}$$

$$= \lim_{x \to x_0} \frac{u(v(x)) - u(v(x_0))}{v(x) - v(x_0)} \cdot \frac{v(x) - v(x_0)}{x - x_0}$$

Beachte: Die um den Term $v(x) - v(x_0)$ erweiterte Schreibweise hat den Vorteil, dass beide Brüche, die man bei der Definition der Ableitung für v und u braucht, getrennt vorkommen. Dies ist sinnvoll, denn bei der Kettenregel kommt sowohl die Ableitung von v als auch die Ableitung von u vor.

Wenn $x \to x_0$, dann $v(x) \to v(x_0)$. Denn v ist differenzierbar, also auch stetig.

Mit den Bezeichnungen $y = v(x)$ und $y_0 = v(x_0)$ können wir so weiterrechnen:

$$f'(x_0) = \lim_{y \to y_0} \frac{u(y) - u(y_0)}{y - y_0} \cdot \lim_{x \to x_0} \frac{v(x) - v(x_0)}{x - x_0}$$

$$= u'(y_0) \cdot v'(x_0) = u'(v(x_0)) \cdot v'(x_0)$$

Also

$f'(x_0) = u'(v(x_0)) \cdot v'(x_0)$

für ein beliebiges x_0.

Damit ist der Beweis zu Ende.

Produktregel

3

Vorbemerkung: Die Notwendigkeit einer neuen Regel wird von den Lernenden selbst entdeckt. Die Produktregel wird von den meisten Lernenden schnell und gut verstanden; hier ist das Erkennen von u und v normalerweise kein Problem. Es folgen Anwendungen, bei denen neben der Produktregel auch die Kettenregel vorkommt.

3.1 Einführung

Die Lehrperson stellt folgende Aufgabe, die die Schülerinnen und Schüler spontan beantworten sollen.

Aufgabe 1

Leiten Sie $f(x) = x^3 \cdot x^5$ ab.

Wie bei einem Brainstorming werden alle Antworten, die den Schülerinnen und Schülern innerhalb von ein bis zwei Minuten einfallen, kommentarlos von der Lehrperson an die Tafel geschrieben. Häufig kommt die falsche Antwort

$f'(x) = 3x^2 \cdot 5x^4$

denkbar sind aber auch andere Terme. Anschließend wird die Aufgabe korrekt gelöst.

Lösung

$f(x) = x^3 \cdot x^5 = x^8$

Daher gilt: $f'(x) = 8x^7$

Beachte: Die Ableitung eines Produktes ist nicht das Produkt der Ableitungen der Faktoren.

Aufgabe 2

Leiten Sie $f(x) = x^3\sin(x)$ ab.

Vorteil: Die Klasse spürt die Notwendigkeit einer neuen Regel, denn diesen Term kann man nicht so vereinfachen wie in Aufgabe 1.

Die Lösung dieser Aufgabe wird etwas verschoben. Stattdessen führt die Lehrperson zunächst die Produktregel ein.

3.2 Die Produktregel

Produktregel: Es sei $f(x) = u(x) \cdot v(x)$, wobei u und v differenzierbare Funktionen sind. Dann gilt:

$f'(x) = u'(x) \cdot v(x) + u(x) \cdot v'(x)$

Aufgabe 3
Leiten Sie die Funktion $f(x) = x^3 \cdot x^5$ mit der Produktregel ab.

Lösung
$u(x) = x^3$ und somit $u'(x) = 3x^2$ bzw. $v(x) = x^5$ und daher $v'(x) = 5x^4$.
Also gilt:
$f'(x) = u'(x) \cdot v(x) + u(x) \cdot v'(x) = 3x^2 \cdot x^5 + x^3 \cdot 5x^4 = 3x^7 + 5x^7 = 8x^7$
Vorteil: Das bekannte Ergebnis wurde bestätigt. Dies erhöht die Akzeptanz der neuen Regel.

Aufgabe 2 noch einmal
Leiten Sie $f(x) = x^3 \sin(x)$ ab.

Lösung
$f'(x) = (x^3)' \cdot \sin(x) + x^3 \cdot (\sin(x))'$
Dieser Zwischenschritt ist sinnvoll. Die Lernenden haben einen besseren Überblick und können ihre Nebenrechnungen prüfen.
$f'(x) = 3x^2 \cdot \sin(x) + x^3 \cdot \cos(x)$

Aufgabe 4
Leiten Sie die Funktion $f(x) = 5x^4$
a) ohne die Produktregel
b) mit der Produktregel
ab.

Lösung
a) $f'(x) = 5 \cdot 4 \cdot x^3 = 20x^3$
b) $f'(x) = (5)' \cdot x^4 + 5 \cdot (x^4)' = 0 \cdot x^4 + 5 \cdot 4 \cdot x^3 = 20x^3$
Vorteil: Das bekannte Ergebnis von a) wurde durch die Produktregel bestätigt. Dies erhöht die Akzeptanz der neuen Regel.

3.3 Anwendungen

Aufgabe 5
Ermitteln Sie die erste Ableitung für folgende Funktionen.
a) $f(x) = x^5 \cdot e^x$
b) $f(x) = x^{10} \cdot \cos(x)$

Lösung
a) $f'(x) = (x^5)' \cdot e^x + x^5 \cdot (e^x)' = 5x^4 \cdot e^x + x^5 \cdot e^x$
b) $f'(x) = (x^{10})' \cdot \cos(x) + x^{10} \cdot (\cos(x))' = 10x^9 \cos(x) + x^{10}(-\sin(x))$

Aufgabe 6
Bestimmen Sie die erste Ableitung für
$f(x) = x^8 \cdot \sin(5x)$

Lösung
$f'(x) = (x^8)' \cdot \sin(5x) + x^8 \cdot (\sin(5x))'$

TIPP: Kommt bei der Produktregel an einer Stelle auch die Kettenregel vor, kann man sie als gesonderte Nebenrechnung durchführen.
Nebenrechnung: $(\sin(5x))' = \cos(5x) \cdot (5x)' = 5\cos(5x)$
$f'(x) = 8x^7\sin(5x) + 5x^8\cos(5x)$

Aufgabe 7
Leiten Sie den folgenden Funktionsterm einmal ab.
$f(x) = \sin(x^2) \cdot \cos(100x)$

Lösung
$f'(x) = (\sin(x^2))' \cdot \cos(100x) + \sin(x^2) \cdot (\cos(100x))'$
Nebenrechnungen:
$(\sin(x^2))' - \cos(x^2) \cdot (x^2)' = \cos(x^2) \cdot 2x$
$(\cos(100x))' = -\sin(100x) \cdot (100x)' = -\sin(100x) \cdot 100$
$f'(x) = 2x\cos(x^2)\cos(100x) - 100\sin(x^2)\sin(100x)$

3.4 Eine Erweiterung der Produktregel

Aufgabe 8
Bilden Sie die 1. Ableitung für $f(x) = x^6 \cdot \sin(x) \cdot e^x$.
Die Lehrperson klärt in einem Unterrichtsgespräch ab: Die Produktregel kann man nicht direkt anwenden, da es hier keine zwei, sondern drei Faktoren gibt. Wenn man aber das Produkt zweier Faktoren als u(x) auffasst, zum Beispiel $u(x) = x^6 \cdot \sin(x)$, dann ist $v(x) = e^x$. Mit der Produktregel folgt:
$f'(x) = (x^6 \cdot \sin(x))' \cdot e^x + x^6 \cdot \sin(x) \cdot (e^x)'$
Bei der ersten Klammer wendet man nun erneut die Produktregel an:
$f'(x) = ((x^6)' \cdot \sin(x) + x^6 \cdot (\sin(x)))' \cdot e^x + x^6 \cdot \sin(x) \cdot (e^x)'$, (*)
also
$f'(x) = 6x^5 \cdot \sin(x) \cdot e^x + x^6 \cdot \cos(x) \cdot e^x + x^6 \cdot \sin(x) \cdot e^x$.
Vorteil: Mithilfe der Zeile (*) kann man die neue Regel selbst entdecken.
Für $f(x) = u(x) \cdot v(x) \cdot w(x)$ gilt:
$f'(x) = u'(x) \cdot v(x) \cdot w(x) + u(x) \cdot v'(x) \cdot w(x) + u(x) \cdot v(x) \cdot w'(x)$
Vorteil: Die Klasse übt induktives Denken.

4 Quotientenregel

Vorbemerkung: Einen Quotienten kann man mithilfe der Produktregel und der Kettenregel stets ableiten. So gesehen ist die Quotientenregel nicht zwingend erforderlich. Ihre Einführung ist aber trotzdem sinnvoll, da sie ein einfacheres und schnelleres Verfahren darstellt. Die Regel wird von den meisten Lernenden schnell und gut verstanden.

4.1 Einführung

Beispiel 1

Leiten Sie $f(x) = \frac{4x^5}{x^2}$ ab.

Lösung
Durch Kürzen erhält man $f(x) = 4x^3$ und damit $f'(x) = 12x^2$.

Merke: Der Ansatz $f'(x) = \frac{(4x^5)'}{(x^2)'}$ ist falsch, denn $\frac{(4x^5)'}{(x^2)'} = \frac{20x^4}{2x} = 10x^3$, was nicht stimmt.
Beachte: Einen Quotienten kann man nicht ableiten, indem man den Zähler und den Nenner getrennt ableitet und deren Quotienten bildet.

Beispiel 2

Leiten Sie $f(x) = \frac{1-2x}{x^2+1}$ ab.

Vorteil: Diesen Term kann man nicht wie in Beispiel 1 kürzen. Die Klasse spürt die Notwendigkeit einer neuen Ableitungsregel für Quotienten.

Erste Lösung
Es wäre illusorisch zu erwarten, dass die Schülerinnen und Schüler diese Funktion auf Anhieb ableiten können. Deshalb wird die Lösung in mehreren Schritten in einem Unterrichtsgespräch erarbeitet. Falls nötig, stellt die Lehrperson gezielte Fragen.

Betrachten wir das Zahlenbeispiel $\frac{3}{5} = 3 \cdot 5^{-1}$.

Frage: Wie könnte man den Funktionsterm ähnlich umformen?

$f(x) = \frac{1-2x}{x^2+1} = (1-2x) \cdot (x^2+1)^{-1}$

Frage: Welche Ableitungsregel kann man jetzt anwenden?
Antwort: Die Produktregel.
$f'(x) = (1-2x)' \cdot (x^2+1)^{-1} + (1-2x)((x^2+1)^{-1})'$

Die Ableitung $((x^2 + 1)^{-1})'$ kann man mit der Kettenregel in einer Nebenrechnung ermitteln:

$((x^2 + 1)^{-1})' = -1 \cdot (x^2 + 1)^{-2} \cdot (x^2 + 1)' = -2x(x^2 + 1)^{-2}$

Damit gilt:

$f'(x) = -2(x^2 + 1)^{-1} - (1 - 2x) \cdot 2x \cdot (x^2 + 1)^{-2}$

Frage: Wie könnte man die Terme mit negativen Hochzahlen als Brüche schreiben?

$f'(x) = -2(x^2 + 1)^{-1} - (1 - 2x) \cdot 2x \cdot (x^2 + 1)^{-2}$

$$f'(x) = -\frac{2}{x^2 + 1} - \frac{(1 - 2x) \cdot 2x}{(x^2 + 1)^2}$$

Frage: Wie könnte man alles auf den Hauptnenner bringen?

$$f'(x) = \frac{-2(x^2 + 1) - (1 - 2x) \cdot 2x}{(x^2 + 1)^2}$$

Nach Vereinfachungen folgt:

$$f'(x) = \frac{-2x^2 - 2 - 2x + 4x^2}{(x^2 + 1)^2} = \frac{2x^2 - 2x - 2}{(x^2 + 1)^2}$$

Die Lehrperson thematisiert jetzt den folgenden Aspekt:

Man konnte zwar den Quotienten ableiten, aber es war zeitaufwändig und rechentechnisch anspruchsvoll, da Umformungen mit negativen Hochzahlen, Anwendung der Produkt- und der Kettenregel für Terme mit negativen Hochzahlen, Umformung in Brüche, Hauptnenner usw. vorkamen. Daher ist eine einfachere Formel, mit der man Quotienten ableiten kann, sinnvoll.

4.2 Die Quotientenregel

Quotientenregel: Es sei $f(x) = \frac{u(x)}{v(x)}$, mit u, v differenzierbare Funktionen und $v(x) \neq 0$. Dann gilt:

$$f'(x) = \frac{u'(x)\, v(x) - u(x)\, v'(x)}{v^2(x)}$$

Man wendet nun die Quotientenregel bei Beispiel 2 an.

$$f(x) = \frac{1 - 2x}{x^2 + 1}$$

Zweite Lösung

$$f'(x) = \frac{(1 - 2x)' \cdot (x^2 + 1) - (1 - 2x) \cdot (x^2 + 1)'}{(x^2 + 1)^2}$$

$$= \frac{-2(x^2 + 1) - (1 - 2x) \cdot 2x}{(x^2 + 1)^2} = \frac{-2x^2 - 2 - 2x + 4x^2}{(x^2 + 1)^2} = \frac{2x^2 - 2x - 2}{(x^2 + 1)^2}$$

Vorteil: Die Lernenden erleben, dass man dieselbe Ableitung wesentlich einfacher und schneller bilden kann.

Aufgabe 1

Bilden Sie die erste Ableitung für $f(x) = \frac{4x^5}{x^2}$ mithilfe der Quotientenregel.

Lösung

$$f'(x) = \frac{(4x^5)' \cdot x^2 - 4x^5 \cdot (x^2)'}{(x^2)^2} = \frac{20x^4 \cdot x^2 - 4x^5 \cdot 2x}{x^4} = \frac{20x^6 - 8x^6}{x^4} = \frac{12x^6}{x^4} = 12x^2$$

Vorteil: Das bekannte Ergebnis von Beispiel 1 wurde bestätigt. Dies erhöht die Akzeptanz der neuen Regel.

4.3 Der Beweis der Quotientenregel

Es sei $f(x) = \frac{u(x)}{v(x)}$ mit u, v differenzierbare Funktionen und $v(x) \neq 0$.

Es ist zu zeigen: $f'(x) = \frac{u'(x)\, v(x) - u(x)\, v'(x)}{v^2(x)}$.

Zuerst schreibt man f(x) als Produkt:

$f(x) = u(x) \cdot (v(x))^{-1}$

Aus der Produktregel folgt:

$f'(x) = u'(x) \cdot (v(x))^{-1} + u(x) \cdot ((v(x))^{-1})'$

Mit der Kettenregel erhält man:

$((v(x))^{-1})' = -1 \cdot (v(x))^{-2} \cdot v'(x)$

Damit folgt:

$f'(x) = u'(x) \cdot (v(x))^{-1} - u(x) \cdot (v(x))^{-2} \cdot v'(x)$

Die negativen Hochzahlen schreibt man als Brüche:

$$f'(x) = \frac{u'(x)}{v(x)} - \frac{u(x) \cdot v'(x)}{v^2(x)}$$

Man bringt die beiden Brüche noch auf den Hauptnenner:

$$f'(x) = \frac{u'(x)v(x) - u(x)v'(x)}{v^2(x)}$$

Damit ist der Beweis zu Ende.

Vorteil: Der von Beispiel 2 bekannte Gedankengang wurde auf einer abstrakteren Ebene wiederholt. Ein weiterer didaktisch wichtiger Aspekt ist, dass im selben Gedankengang alle drei Ableitungsregeln vorkommen. An dieser Stelle kann man den Unterricht auflockern. Dies erfolgt durch ein Gespräch zwischen einem Schüler Charly und der Lehrerin. (Hinweise zur Verwendung dieses Dialogs finden Sie auf Seite 7.)

Charly: *So geht das nicht!*

Lehrerin: *Was denn?!*

Charly: *Nach der ersten Lösung von Beispiel 2 sagten Sie uns mahnend: Es ist zeitaufwändig und rechentechnisch anspruchsvoll: Umformungen mit negativen Hochzahlen, Kettenregel für Terme mit negativen Hochzahlen, Umformung in Brüche, Hauptnenner usw.*

Lehrerin: *Ja, stimmt.*

Charly: *Es stimmt eben nicht! Sie versprachen uns eine einfachere Formel. Sie kam zwar, aber schauen Sie sich bitte an, was Sie im Beweis angerichtet haben! Es ist zeitaufwändig und rechentechnisch anspruchsvoll: Umformungen mit negativen Hochzahlen, Kettenregel für Terme mit negativen Hochzahlen, Umformung in Brüche, Hauptnenner usw. Also alles, wovor Sie mahnend gewarnt haben, kommt schon wieder.*

Lehrerin: *Es musste ja sein.*

Charly: *Sie predigen Wasser und trinken Wein! Sehen Sie es ein!*

Lehrerin: *Wir haben diesen Beweis einmal geführt. Ab jetzt können wir die Quotientenregel so anwenden wie bei der zweiten Lösung von Beispiel 2. Also keine Umformungen mit negativen Hochzahlen, keine Kettenregel für Terme mit negativen Hochzahlen, keine Umformung in Brüche, kein Hauptnenner. Die kommen nicht mehr.*

Charly: *Dann bin ich erleichtert. Fragen Sie den Beweis ab?*

Lehrerin: *Nein, das habe ich nicht vor.*

Charly: *Schön! Jetzt wäre ich sogar bereit, eine weitere Aufgabe zu lösen.*

4.4 Anwendungen

Bilden Sie die erste Ableitung für folgende Funktionen.

a) $f(x) = \frac{3x + 4}{x^4 + 2}$

b) $f(x) = \frac{x^6}{12}$

c) $f(x) = \frac{x^3 + 1}{2x^2 - 1}$

d) $f(x) = \frac{-8}{x^5}$

e) $f(x) = \frac{4x^2 + 9}{(2x - 5)^2}$

Lösung

a) $f'(x) = \frac{3(x^4 + 2) - (3x + 4) \cdot 4x^3}{(x^4 + 2)^2} = \frac{3x^4 + 6 - 12x^4 - 16x^3}{(x^4 + 2)^2}$

$f'(x) = \frac{-9x^4 - 16x^3 + 6}{(x^4 + 2)^2}$

b) $f(x) = \frac{1}{12} \cdot x^6$

Nach dieser Umformung geht es auch ohne Quotientenregel.

$f'(x) = \frac{1}{12} \cdot 6 \cdot x^5 = 0{,}5x^5$

Vorteil: Die Klasse erlebt, dass bei bestimmten Quotienten das Ableiten auch ohne Quotientenregel möglich und sogar besser ist.

c) $f'(x) = \frac{3x^2(2x^2 - 1) - (x^3 + 1) \cdot 4x}{(2x^2 - 1)^2} = \frac{6x^4 - 3x^2 - 4x^4 - 4x}{(2x^2 - 1)^2}$

$f'(x) = \frac{2x^4 - 3x^2 - 4x}{(2x^2 - 1)^2}$

d) $f(x) = -8x^{-5}$

Nach dieser Umformung geht es auch ohne Quotientenregel.

$f'(x) = -8 \cdot (-5) \cdot x^{-6} = \frac{40}{x^6}$

Vorteil: Die Klasse erlebt, dass bei bestimmten Quotienten das Ableiten auch ohne Quotientenregel möglich und sogar besser ist.

e) $f'(x) = \frac{(4x^2 + 9)' \cdot (2x - 5)^2 - (4x^2 + 9) \cdot ((2x - 5)^2)'}{((2x - 5)^2)^2}$

TIPP: Kommt bei der Quotientenregel an einer Stelle auch die Kettenregel vor, kann man sie als Nebenrechnung durchführen.

Nebenrechnung:

$((2x - 5)^2)' = 2(2x - 5) \cdot (2x - 5)' = 2(2x - 5) \cdot 2 = 4(2x - 5)$

Also:

$$f'(x) = \frac{8x(2x - 5)^2 - 4(4x^2 + 9)(2x - 5)}{(2x - 5)^4}$$

$$= \frac{(2x - 5)[8x(2x - 5) - 4(4x^2 + 9)]}{(2x - 5)^4}$$

$$= \frac{16x^2 - 40x - 16x^2 - 36}{(2x - 5)^3}$$

$$= \frac{-40x - 36}{(2x - 5)^3} = -\frac{40x + 36}{(2x - 5)^3}$$

Monotonie

Vorbemerkung: Monotonie wird zunächst nur anschaulich vermittelt. Nach der mathematischen Definition erfährt die Klasse die Rolle der 1. Ableitung bei der Monotonie.

5.1 Anschaulicher Hintergrund

Die Klasse lernt den neuen Begriff zunächst anschaulich kennen.
Die Lehrperson zeigt der Klasse folgende Graphen:

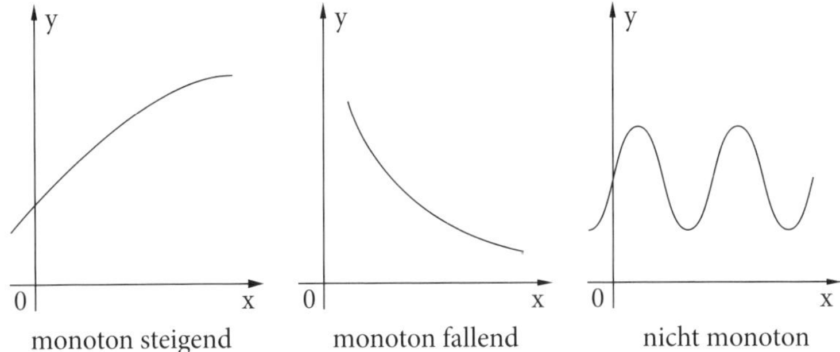

monoton steigend — monoton fallend — nicht monoton

Vorteil: Für die Klasse ist das Phänomen intuitiv klar.
Die Lehrperson beschreibt die Fachausdrücke mit bekannten Wörtern und bittet die Klasse, weitere Ausdrücke selbst zu finden. Anbei einige Möglichkeiten:

Schülersprache	**Mathematikersprache**
bergauf	monoton steigend
bergab	monoton fallend
humpelig	nicht monoton
nach oben	monoton steigend
nach unten	monoton fallend
schwankt	nicht monoton
immer mehr	monoton steigend
immer weniger	monoton fallend
mal mehr, mal weniger	nicht monoton
nimmt zu	monoton steigend
nimmt ab	monoton fallend

Vorteil: Die Fachausdrücke werden durch bekannte Sprachelemente gefestigt.

Ansprache an die Klasse: Eine *eigene Schülersprache* ist *sinnvoll*, denn so können Sie viel besser verstehen, worum es geht. Sie ist aber je nach Person *unterschiedlich* und daher manchmal vielleicht unklar oder leicht *missverständlich*.
Die Mathematikersprache ist hingegen einheitlich und damit für alle klar und eindeutig.
Jeder *darf* in seiner eigenen *Schülersprache denken* – und Sie sollten dies auch tun. So kann Ihnen das Vorgehen leichter fallen. Bei einer Arbeit oder Prüfung müssen Sie aber am Ende alles in die einheitliche *Mathematikersprache* übersetzen und es so wiedergeben, dass alle genau verstehen, was Sie meinen.

5.2 Beispiel aus dem Alltag

Die Lehrperson zeigt der Klasse die Kontur eines Hanges und stellt die Frage: Ist der Hang steigend oder fallend?

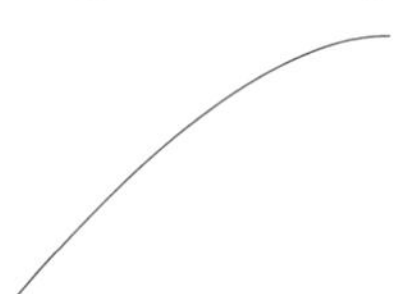

Vorteil: Das Beispiel stammt aus der Lebenswelt der Lernenden.
In einem Unterrichtsgespräch kann man unter anderem erwähnen:
Wenn ein Wanderer steigt, ist für ihn der Hang steigend.
Wenn ein Wanderer bergab läuft, ist für ihn der Hang fallend.
Wenn aber *derselbe* Hang *steigend* und *fallend* ist, wie steht es mit der Monotonie?!
Um die Frage zu beantworten, zeigt die Lehrperson die folgenden Abbildungen:

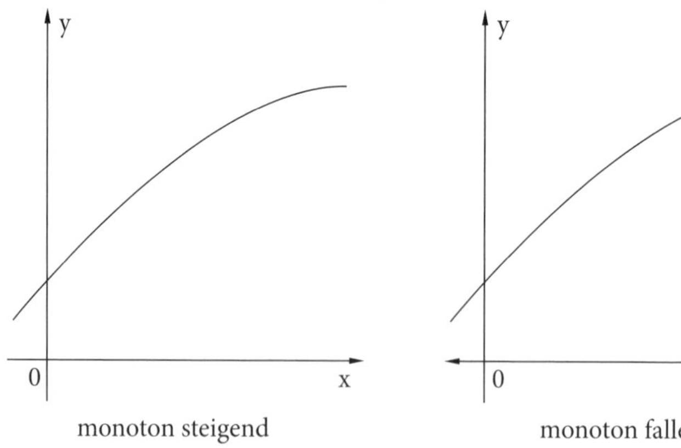

Merke: Der Pfeil der x-Achse spielt bei der Feststellung der Monotonie eine Schlüsselrolle.
Die Lehrperson betont: Die linke Abbildung ist zwar gängig, aber die rechte Abbildung ist ebenfalls möglich.
Vorteil: Die Klasse erfährt die Notwendigkeit eines einheitlich festgelegten Koordinatensystems sowie die Rolle der x-Achse anhand eines Beispiels aus dem Alltag.

5.3 Die Definition der Monotonie

Die Zeit ist reif, um Monotonie mathematisch zu definieren. Warum die Definitionsmenge ein Intervall sein muss, wird an dieser Stelle noch nicht erläutert. Auf diesen Aspekt geht man in 5.5 ein.
Definition: Für eine auf dem Intervall I definierte Funktion f gilt:

- f ist **monoton steigend**, wenn für jedes x_1, x_2 aus I mit $x_1 < x_2$ gilt: $f(x_1) \leq f(x_2)$
- f ist **monoton fallend**, wenn für jedes x_1, x_2 aus I mit $x_1 < x_2$ gilt: $f(x_1) \geq f(x_2)$
- f ist **streng monoton steigend**, wenn für jedes x_1, x_2 aus I mit $x_1 < x_2$ gilt: $f(x_1) < f(x_2)$
- f ist **streng monoton fallend**, wenn für jedes x_1, x_2 aus I mit $x_1 < x_2$ gilt: $f(x_1) > f(x_2)$

Die Unterscheidung zwischen monotonen und streng monotonen Funktionen sollte nicht überbewertet werden.

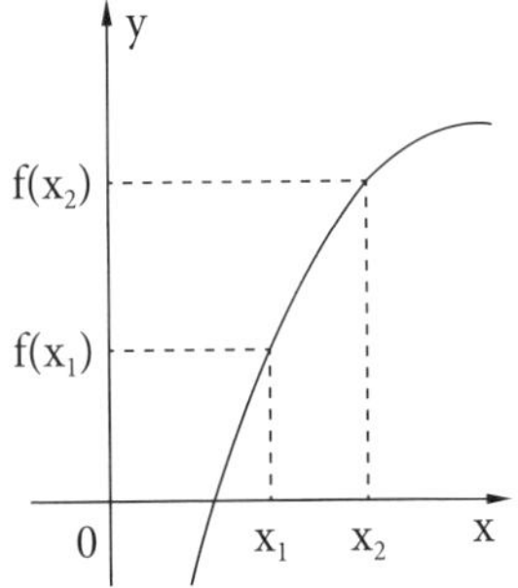

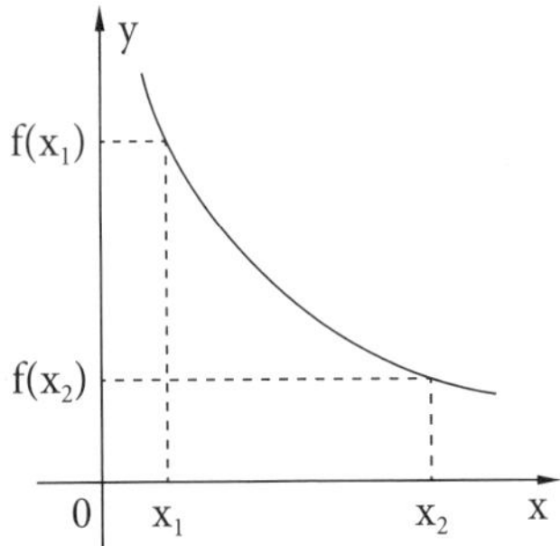

Der anschauliche Hintergrund wird anhand der Abbildungen erläutert. Der Lehrperson ist bewusst, dass die Klasse später Monotonie hauptsächlich mit der 1. Ableitung untersuchen wird. Daher beschränkt man sich zunächst auf wenige, einfache Beispiele.

Aufgabe 1

a) Zeigen Sie mit der Definition, dass $f(x) = -3x + 4$ streng monoton fallend ist.

b) Beweisen Sie mit der Definition, dass $f(x) = x^2 - 2x + 5$ für $x \geq 1$ monoton steigend ist.

c) Zeigen Sie mit der Definition, dass die Funktion $f(x) = x^2$ auf der Menge $\mathbb{R}$ der reellen Zahlen nicht monoton ist.

Lösung

a) Es sei $x_1 < x_2$. Es ist zu zeigen, dass $f(x_1) > f(x_2)$.

$f(x_1) > f(x_2)$

$-3x_1 + 4 > -3x_2 + 4 \quad | -4$

$-3x_1 > -3x_2 \quad | : (-3) < 0$

Da man durch eine negative Zahl teilt, wird aus dem „>" ein „<".
Also ergibt sich $x_1 < x_2$ und dies stimmt laut Voraussetzung.
Damit wurde bewiesen, dass $f(x_1) > f(x_2)$. Die Funktion f ist also streng monoton fallend.
Die Lehrperson kann erwähnen: Es handelt sich um eine lineare Funktion, deren Graph eine Gerade ist. Wegen der negativen Steigung −3 verläuft die Gerade fallend.
Vorteil: Ein bekanntes Ergebnis wurde durch die Definition der Monotonie bestätigt.

b) Es sei $1 \leq x_1 < x_2$. Es ist zu zeigen, dass $f(x_1) \leq f(x_2)$.

$f(x_1) \leq f(x_2)$

$x_1^2 - 2x_1 + 5 \leq x_2^2 - 2x_2 + 5$

$x_1^2 - 2x_1 \leq x_2^2 - 2x_2$

$x_1^2 - x_2^2 - 2x_1 + 2x_2 \leq 0$

$(x_1 - x_2)(x_1 + x_2) - 2(x_1 - x_2) \leq 0 \quad | : (x_1 - x_2)$

Die Voraussetzung $x_1 < x_2$ bedeutet $x_1 - x_2 < 0$. Wenn man die obige Ungleichung durch $(x_1 - x_2)$ teilt, wird aus $\leq$ ein $\geq$. Also:

$x_1 + x_2 - 2 \geq 0$

Oder, anders geschrieben:

$(x_1 - 1) + (x_2 - 1) \geq 0$

Aus $1 \leq x_1 < x_2$ folgt $x_1 - 1 \geq 0$ und $x_2 - 1 > 0$. Daher stimmt die obige Ungleichung.

Damit wurde bewiesen, dass $f(x_1) \leq f(x_2)$. Die Funktion f ist also monoton steigend für $x \geq 1$.
Die Lehrperson kann auf die Scheitelform der Funktion hinweisen:
$f(x) = x^2 - 2x + 5 = x^2 - 2x + 1 + 4 = (x - 1)^2 + 4$. Die quadratische Funktion hat als Scheitelpunkt $S(1 \mid 4)$, die Parabel ist nach oben geöffnet. Die Monotonie ist auch anschaulich einzusehen.
Vorteil: Die Klasse erlebt, dass die Definition der Monotonie selbst bei einer quadratischen Funktion eine ziemlich anspruchsvolle Rechentechnik erfordert. Die Klasse spürt die Notwendigkeit einer anderen Methode.

c) Um etwas zu widerlegen, reicht ein Gegenbeispiel. Es sei $x_1 = -1$, $x_2 = 0$ und $x_3 = 2$. Es gilt $x_1 < x_2 < x_3$ sowie
$f(x_1) = f(-1) = 1$, $f(x_2) = f(0) = 0$ und $f(x_3) = f(2) = 4$.
Wenn f monoton steigend wäre, müsste gelten $f(x_1) \leq f(x_2) \leq f(x_3)$, also $1 \leq 0 \leq 4$, es stimmt aber nicht $(1 > 0)$.
Wenn f monoton fallend wäre, müsste gelten $f(x_1) \geq f(x_2) \geq f(x_3)$, also $1 \geq 0 \geq 4$, es stimmt aber nicht $(0 < 4)$.
Damit ist bewiesen, dass f nicht monoton ist.

5.4 Monotonie und die 1. Ableitung

Beispiel

Es sei $f(x) = x^2$. Der Graph ist die bekannte Normalparabel. Dem Graphen kann man entnehmen:

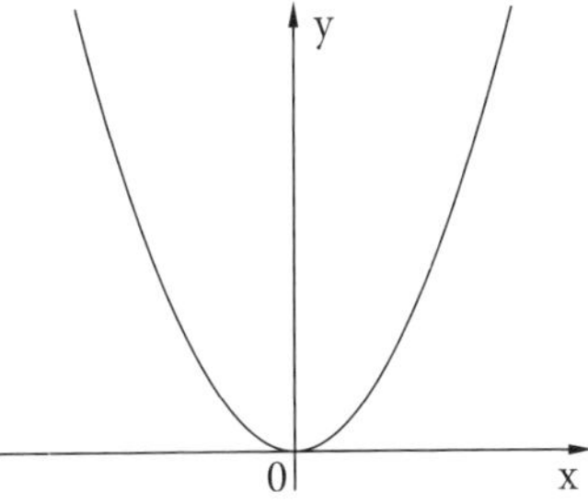

Die Funktion ist für $x < 0$ fallend und für $x > 0$ steigend.
Man sagt: Die Funktion hat zwei **Monotoniebereiche**.
Nun bildet man die erste Ableitung
$f'(x) = 2x$
und untersucht deren Nullstelle und Vorzeichen.
$f'(0) = 0$, $f'(x) = 2x < 0$ für $x < 0$ und $f'(x) = 2x > 0$ für $x > 0$.

Die Ergebnisse werden in einer Vorzeichentabelle zusammengefasst:

x	0
f'(x)	− 0 +
f(x)	↘ ↗

Die zwei Pfeile veranschaulichen die zwei Monotoniebereiche.
Die Lehrperson fordert die Klasse auf, einen Zusammenhang zwischen dem Vorzeichen der 1. Ableitung und der Monotonie zu finden.
Es ist davon auszugehen, dass viele Schülerinnen und Schüler den Zusammenhang gleich entdecken.
Vorteil: Die Klasse hat eine wichtige Regel selbst entdeckt.
Die Lehrperson teilt den Lernenden mit, dass sie eine allgemeine Regel entdeckt haben, und formuliert diese.

Satz
Wenn $f'(x) < 0$, dann ist f monoton fallend.
Wenn $f'(x) > 0$, dann ist f monoton steigend.
Das Autorenteam empfiehlt hier eine didaktische Reduktion. Man kann auf die Fälle $f'(x) \leq 0$, $f'(x) \geq 0$ sowie auf die Unterscheidung zwischen monoton und streng monoton verzichten. Bei den gängigen Abituraufgaben erfolgt die Untersuchung der Monotonie mit $f'(x) < 0$ bzw. $f'(x) > 0$.

Aufgabe 2
Zeigen Sie, dass $f(x) = x^2 - 2x + 5$
a) für $x > 1$ monoton steigend ist;
b) für $x < 1$ monoton fallend ist.

Lösung
a) Es ist zu zeigen, dass $f'(x) > 0$ für $x > 1$.
$f'(x) = 2x - 2$
$f'(x) > 0$
$2x - 2 > 0$
$2x > 2$
$x > 1$ und es stimmt.
Daraus folgt, dass f für $x > 1$ monoton steigend ist.
Vorteil: Das Ergebnis einer bereits gelösten Aufgabe wurde mit der neuen Methode bestätigt.

Vorteil: Die Klasse erlebt, dass man die bekannte Aufgabe mit der neuen Methode viel einfacher und schneller lösen kann. Dies erhöht die Akzeptanz der neuen Regel.

b) Es ist zu zeigen, dass $f'(x) < 0$ für $x > 1$.
$f'(x) = 2x - 2$
$f'(x) < 0$
$2x - 2 < 0$
$2x < 2$
$x < 1$ und es stimmt.
Daraus folgt, dass f für $x < 1$ monoton fallend ist.

5.5 Ermittlung von Monotoniebereichen

Bis jetzt waren die Monotoniebereiche bekannt oder vorgegeben. Die Klasse erfährt nun, wie man Monotoniebereiche einer Funktion selbst ermitteln kann. Zunächst wird eine Musteraufgabe mit der ganzen Klasse besprochen. Anschließend lösen die Schülerinnen und Schüler eine weitere Aufgabe in individueller Arbeit.

Musteraufgabe
Ermitteln Sie die Monotoniebereiche der Funktion $f(x) = x^3 - 3x^2 - 9x$.

Lösung
In einem *1. Schritt* berechnet man die 1. Ableitung:
$f'(x) = 3x^2 - 6x - 9$
In einem *2. Schritt* bestimmt man die Nullstellen der 1. Ableitung:
$f'(x) = 0$
$3x^2 - 6x - 9 = 0 \quad | :3$
$x^2 - 2x - 3 = 0$
Diese quadratische Gleichung hat als Lösungen $x_1 = -1$ und $x_2 = 3$.
In einem *3. Schritt* untersucht man das Vorzeichen der 1. Ableitung. Dazu fertigt man eine Vorzeichentabelle an.
Im *Schritt 3.1* trägt man die Nullstellen −1 und 3 in die Vorzeichentabelle ein.
In einem *Schritt 3.2* trägt man je einen Wert in jedes Intervall ein. Dazu wählt man passende ganze Zahlen. In der Tabelle sind diese −2, 0 und 4. Anschließend berechnet man die zugehörigen Funktionswerte von f'. Dabei interessiert hier nur das Vorzeichen.
$f'(-2) = 15 > 0$, $f'(0) = -9 < 0$ und $f'(4) = 15 > 0$

Die festgestellten Vorzeichen gelten jeweils für das ganze Intervall.

x	−2	**−1**	0	**3**	4
f'(x)	+	**0**	−	**0**	+
f(x)	↗		↘		↗

Eine mathematisch „saubere“ Begründung wäre ein Verweis auf die Stetigkeit der Funktion f'. Wenn der Stetigkeitsbegriff der Klasse nicht bekannt ist, kann die Lehrperson in etwa so argumentieren:
Wenn die 1. Ableitung zum Beispiel im Bereich $-1 < x < 3$ teils ein positives und teils ein negatives Vorzeichen hätte, dann müsste f' weitere Nullstellen in diesem Intervall haben – was aber nicht der Fall ist.
Die Lehrperson betont noch, dass die jeweiligen Vorzeichen von der Wahl der Werte unabhängig sind.
In einem *Schritt 3.3* wendet man den Satz aus 5.4 an. Man trägt die passenden Pfeile in die Zeile von f ein und formuliert die Antwort.
Für $x < -1$ ist f monoton steigend.
Für $-1 < x < 3$ ist f monoton fallend.
Für $x > 3$ ist f monoton steigend.
Vorteil: Die Vorzeichentabellen bereiten den Boden für die Extrempunkte.
Die Lehrperson kann eventuell erwähnen: $-1 < x < 1$ wäre zwar auch ein Monotoniebereich, es geht aber darum, die größtmöglichen Intervalle zu finden.
Die nächste Aufgabe lösen die Schülerinnen und Schüler anhand des Musterbeispiels in individueller Arbeit.

Aufgabe
Ermitteln Sie die Monotoniebereiche der Funktion $f(x) = x^4 - 8x^2$.

Lösung (wird nur kurz dargestellt)
$f'(x) = 4x^3 - 16x$
$f'(x) = 0$
$4x^3 - 16x = 0$ oder $x(4x^2 - 16) = 0$
$x_1 = 0$ und $x_{2,3} = \pm 2$

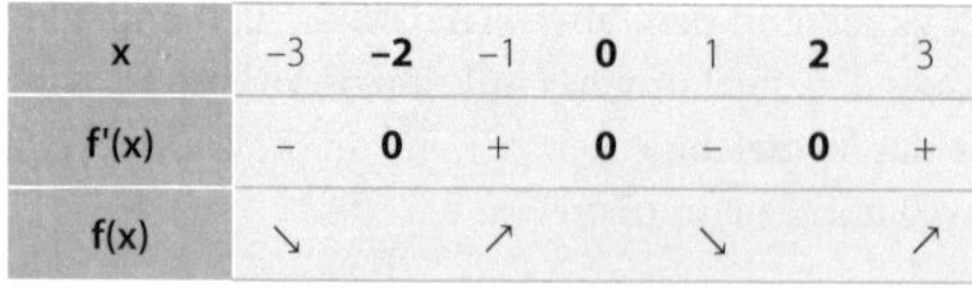

x	−3	**−2**	−1	**0**	1	**2**	3
f'(x)	−	**0**	+	**0**	−	**0**	+
f(x)	↘		↗		↘		↗

Monotoniebereiche: $x < -2$: fallend; $-2 < x < 0$: steigend, $0 < x < 2$: fallend, $x > 2$: steigend

5.6 Vertiefung

Sowohl bei der Definition der Monotonie als auch bei Anwendungen bezieht man sich stets auf Intervalle. Warum dies erforderlich ist, wurde bis jetzt noch nicht erklärt. Das nächste Beispiel schafft Klarheit. Dazu lockt die Lehrperson die Klasse zunächst in eine Falle.

Aufgabe

Untersuchen Sie die Funktion $f(x) = \frac{1}{x}$ auf Monotonie.

Lösung

$f(x) = \frac{1}{x} = x^{-1}$

$f'(x) = -1 \cdot x^{-2} = -\frac{1}{x^2}$

Die 1. Ableitung hat keine Nullstellen. Das Vorzeichen der 1. Ableitung ist überall negativ. Begründung: x ist als Quadratzahl stets positiv, aber vor dem Bruch steht ein negatives Vorzeichen. Also $f'(x) = -\frac{1}{x^2} < 0$ für jedes x.

Dies bedeutet: f ist überall monoton fallend.
Um zu zeigen, dass hier etwas nicht stimmt, greift die Lehrperson auf die Definition der Monotonie zurück. Sie führt drei Proben durch.
Monoton fallend bedeutet: Aus $x_1 < x_2$ folgt $f(x_1) > f(x_2)$.
Probe 1:
$x_1 = -2$ und $x_2 = -1$. Es ist $-2 < -1$ und $f(-2) > f(-1)$, denn $-\frac{1}{2} > -1$.
Probe 2:
$x_1 = 1$ und $x_2 = 4$. Es ist $1 < 4$ und $f(1) > f(4)$, denn $1 > \frac{1}{4}$.
Probe 3:
$x_1 = -1$ und $x_2 = 1$. Es ist $-1 < 1$ aber $f(-1) > f(1)$ stimmt *nicht*, denn $-1 > 1$ ist *falsch*.
Laut des *Satzes* aus 5.4 ist f überall monoton fallend wegen $f'(x) < 0$.
Die Definition der Monotonie besagt: Aus $x_1 < x_2$ folgt $f(x_1) > f(x_2)$.
Dies wurde in den ersten zwei Proben bestätigt, aber durch die 3. Probe widerlegt.
Die Lehrperson stellt nun der Klasse folgende provokative Frage:
Was stimmt nicht, wenn alles stimmt?!
Vorteil: Ein Widerspruch hat einen besonderen Reiz auf die Lernenden. Er erhöht die Neugier der Klasse.
Um den Widerspruch zu klären, greift die Lehrperson auf die Definitionsmenge der Funktion f sowie auf den Graphen von f zurück.

Die Funktion f ist für $x = 0$ nicht definiert, da im Nenner nicht null stehen darf. Die Definitionsmenge ist $D_f = \mathbb{R} \backslash \{0\}$. Sie besteht aus zwei Intervallen: $(-\infty, 0)$ und $(0, +\infty)$.

Die Funktion f ist monoton fallend auf beiden Intervallen. Dies zeigt auch der Graph von f. Die Funktion f ist aber insgesamt nicht monoton fallend.

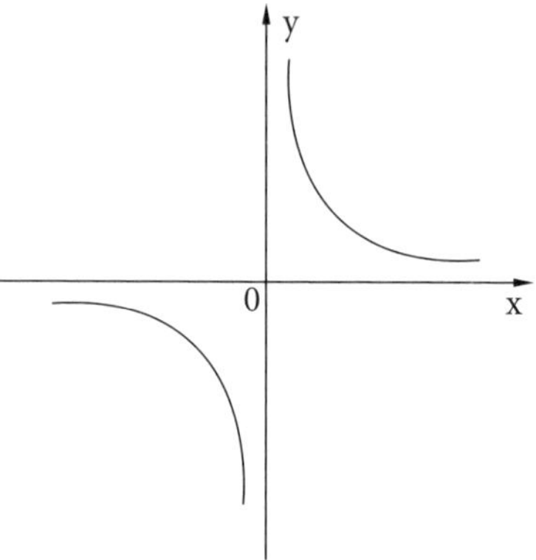

Beachte: Der Satz „Wenn $f'(x) < 0$, dann ist f überall monoton fallend" gilt nur dann, wenn die Funktion auf einem Intervall definiert ist und auf diesem Intervall überall $f'(x) < 0$ gilt.

Vorteil: Die Klasse konnte die Notwendigkeit eines Intervalls an einem Beispiel einsehen.

Die Klasse hat am Beispiel gesehen: Obwohl die Funktion sowohl auf dem Intervall $(-\infty, 0)$ als auch dem Intervall $(0, +\infty)$ fallend ist, ist sie insgesamt nicht monoton. Die Lehrperson greift dieses Beispiel noch einmal auf und stellt anschließend fest:

Gut zu wissen: Wenn die Definitionsmenge aus mehreren Intervallen besteht und die Funktion auf jedem Intervall monoton ist, so folgt daraus allgemein nicht, dass die Funktion insgesamt monoton ist.

Es ist noch eine gesonderte Untersuchung erforderlich, bei der alle Monotoniebereiche in ihrer Gesamtheit berücksichtigt werden.

Tangente

6

Vorbemerkung: Die Tangente wird zunächst anschaulich eingeführt. Anschließend lernen die Schülerinnen und Schüler, wie man die Gleichung der Tangente in einem Punkt des Graphen aufstellen kann. Wenn der Punkt nicht auf dem Graphen der Funktion liegt, braucht man einen anderen Ansatz. Schließlich behandelt der Beitrag Anwendungsaufgaben.

6.1 Einführung

Die Lehrperson thematisiert die Lagebeziehung von einer Parabel und einer Geraden. Er zeigt der Klasse folgende Graphen und führt die entsprechenden Begriffe ein:

Sekante Tangente Passante

Das Phänomen wird mit der Klasse besprochen. Bei der Tangente wird hervorgehoben:
Die Tangente berührt den Graphen in einem Punkt.
Vorteil: Die Klasse hat die Tangente intuitiv erfasst und kann sie in einen breiteren Kontext einbetten.

Aufgabe 1
Zeigen Sie, dass die Gerade $g(x) = 2x + 1$ eine Tangente an den Graphen von $f(x) = x^2 + 2$ darstellt. Ermitteln Sie die Koordinaten des Berührpunktes.

Lösung
Durch Gleichsetzen folgt:
$f(x) = g(x)$
$x^2 + 2 = 2x + 1$
$x^2 - 2x + 1 = 0$

Diese quadratische Gleichung hat die doppelte Lösung $x_{1;2} = 1$.

Die Lehrperson kann an der Tafel ein Geodreieck wie eine Sekante verschieben und dadurch zeigen, wie aus der Sekante eine Tangente wird, wenn die zwei Schnittpunkte übereinstimmen. Die doppelte Lösung bedeutet, dass die Gerade den Graphen von f berührt. Die x-Koordinate des Berührpunktes ist x = 1. Eingesetzt in f(x) oder in g(x) erhält man y = 3. Der Berührpunkt ist somit B(1 | 3).

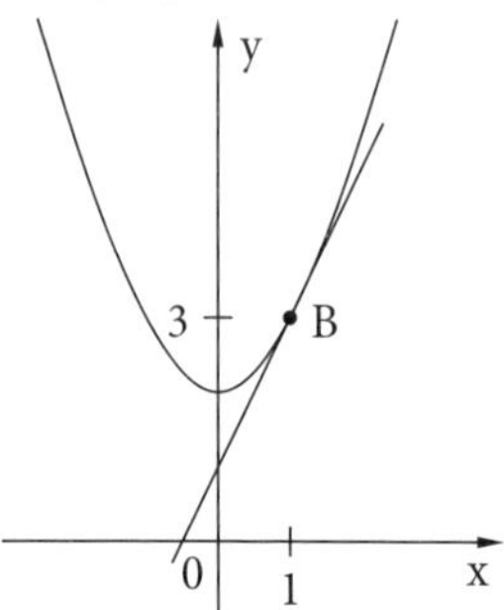

6.2 Tangente in einem Punkt des Graphen

Die Lehrperson stellt sich darauf ein, dass der Steigungsbegriff für einige Lernende unklar ist. Daher wird die Steigung zuerst an einem einfachen Beispiel wiederholt. Die Entdeckung $m = f'(x_0)$ ist eine wichtige mathematische Erkenntnis, die gleich am Anfang hervorgehoben wird.

Die Lehrperson stellt nun die Frage:

Was ist die Steigung der Geraden f(x) = 3x + 2?

Antwort: m = 3

Die Lehrperson stellt den Schülerinnen und Schülern die nächste Frage:

Was ist die erste Ableitung der Funktion f?

Antwort: f'(x) = 3

Man stellt fest:

Die **Steigung** der Geraden und die **1. Ableitung** stimmen überein.

Vorteil: Die Klasse hat einen Zusammenhang selbst entdeckt.

Die Lehrperson kann aus diesem Aha-Effekt mathematisches Kapital schlagen. Sie betont, dass dieser Zusammenhang auch allgemeiner gilt. Sie visualisiert der Klasse Folgendes:

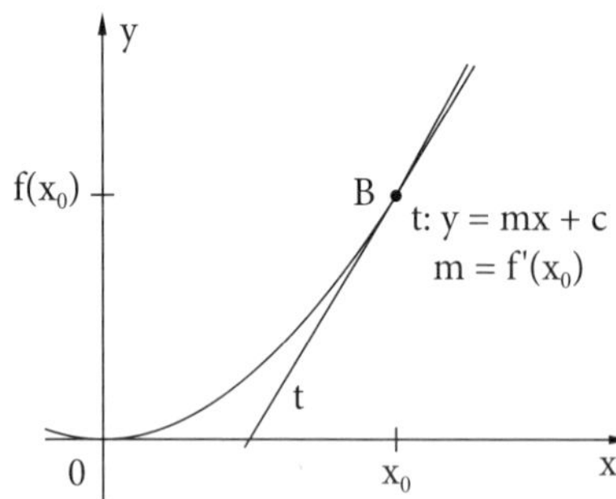

Die Lehrperson merkt an, dass bei einer nicht linearen Funktion der Zusammenhang nur punktuell gilt.
Merke: Die Tangente im Berührpunkt $B(x_0 \mid f(x_0))$ sei t: $y = mx + c$, wobei m die Steigung der Geraden ist.
Unter der Steigung versteht man aber auch die erste Ableitung im Berührpunkt.
Daher gilt:
$m = f'(x_0)$
Der Zusammenhang $m = f'(x_0)$ wird nicht allgemein bewiesen, da das Wiederholen des Steigungsdreiecks und der Definition der ersten Ableitung den zeitlichen Rahmen sprengen würde.

Aufgabe 2
Es sei $f(x) = x^2 + 2$. Ermitteln Sie die Gleichung der Tangente im Punkt $B(1 \mid 3)$ des Graphen.

Lösung
t: $y = mx + c$
$f'(x) = 2x$
$m = f'(1) = 2 \cdot 1 = 2$
Also $m = 2$. Damit ist:
t: $y = 2x + c$
Punktprobe mit $B(1 \mid 3)$:
$3 = 2 \cdot 1 + c$
$c = 1$
Die gesuchte Tangentengleichung lautet:
t: $y = 2x + 1$
Die Lehrperson verweist nun auf Aufgabe 1.
Vorteil: Das Ergebnis von Aufgabe 1 wurde noch einmal bestätigt. Dies erhöht die Akzeptanz des neuen Ansatzes.

Aufgabe 3
Es sei $f(x) = 2x^3$. Ermitteln Sie die Gleichung der Tangente im Punkt $P(2 \mid 16)$ des Graphen.

Lösung
t: $y = mx + c$
$f'(x) = 6x^2$
$m = f'(2) = 6 \cdot 2^2 = 6 \cdot 4 = 24$
Also $m = 24$. Damit ist:
t: $y = 24x + c$

Punktprobe mit P(2 | 16):
$16 = 24 \cdot 2 + c$
$16 = 48 + c$
$c = -32$
Die gesuchte Tangentengleichung lautet:
t: $y = 24x - 32$

Aufgabe 4
Es sei $f(x) = x^3$. Ermitteln Sie die Gleichung der Tangente im Ursprung O(0 | 0).

Lösung
t: $y = mx + c$
$f'(x) = 3x^2$
$m = f'(0) = 3 \cdot 0^2 = 3 \cdot 0 = 0$
Also m = 0. Damit ist:
t: $y = 0 \cdot x + c$
Punktprobe mit O(0 | 0):
$0 = 0 \cdot 0 + c$
$c = 0$
Die gesuchte Tangentengleichung lautet:
t: $y = 0 \cdot x + 0$
Oder einfach:
$y = 0$
Die Lehrperson verweist darauf, dass y = 0 die x-Achse beschreibt.
Anschaulich:

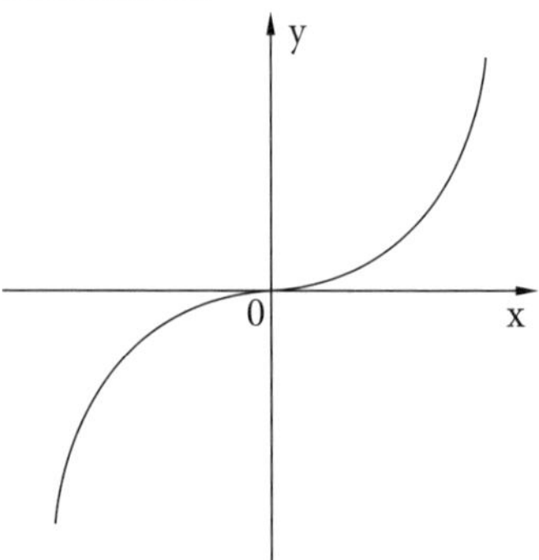

Vorteil: Die Klasse erfährt, dass eine Tangente den Graphen nicht nur „anschmiegend berühren“, sondern auch „heimtückisch durchstoßen“ kann. Bei Sattelpunkten ist dies immer der Fall.

6.3 Die Bufu-Methode

Die Überschrift wird erst später an die Tafel geschrieben.
Bei den bisherigen Aufgaben lag der gegebene Punkt stets auf dem Graphen. Nun wird untersucht, wie man eine Tangente von einem Punkt außerhalb des Graphen anlegen kann. Diese Fragestellung eignet sich hervorragend für Entdeckungen. Dies ist jedoch nur dann möglich, wenn die Lernenden ausreichend viel Zeit dafür haben. Deswegen nimmt sich die Lehrperson nur ein einziges Musterbeispiel vor, welches aber ganz ausführlich besprochen wird. Dabei wendet die Lehrperson ein originelles mehrstufiges Verfahren an.

6.3.1 Einführung

1. Schritt: Alles klar!

Gegeben ist $f(x) = x^2$. Stellen Sie die Gleichung der Tangente an den Graphen von f auf, die durch den Punkt P(3 | 9) geht.

$t: y = mx + c$

$f'(x) = 2x$

$m = f'(3) = 2 \cdot 3 = 6$

Also m = 6.

$t: y = 6x + c$

Punktprobe mit P(3 | 9):

$9 = 6 \cdot 3 + c$

$c = -9$

$t: y = 6x - 9$

2. Schritt: Die Spuren werden verwischt.

Man ermittelt einen anderen Punkt der Tangente.

Für x = 2 ist $y = 6 \cdot 2 - 9 = 3$, also liegt Q(2 | 3) ebenfalls auf der Tangente.

3. Schritt: Neue Aufgabe

Man soll die Gleichung der Tangente vom 1. Schritt noch einmal aufstellen, diesmal aber mithilfe des Punktes Q.

$t: y = mx + c$

$f'(x) = 2x$

$m = f'(2) = 2 \cdot 2 = 4$

Also m = 4.

$t: y = 4x + c$

Punktprobe mit Q(2 | 3):

$3 = 4 \cdot 2 + c$

$c = -5$

$t: y = 4x - 5$

Man stellt fest: Die Gleichung der Tangente aus dem 1. Schritt ($y = 6x - 9$) wurde nicht bestätigt.
Die Lehrperson stellt nun die Frage:
Wie kann es sein, dass ein Punkt derselben Tangente eine andere Tangentengleichung liefert?!
Vorteil: Dieser Überraschungseffekt motiviert die Klasse, über die Hintergründe nachzudenken.
Die Lehrperson fordert nun die Schülerinnen und Schüler auf, für dieses Phänomen eine Erklärung zu finden. Für einige Minuten ist „Brainstorming" angesagt. Sie betont, dass sie keine vollständigen Begründungen erwartet. Stattdessen meint sie ein „lautes Denken mit offenem Ausgang" und eine „Ideensammlung".
Anmerkung: Das Staunen der Lernenden im Mathematikunterricht ist ein seltenes und daher hohes Gut. Diese Augenblicke sollte man als Lehrperson nicht verpassen, indem man gleich alles richtig erklärt.
Anschließend kann man eine Probe wie in 6.1 durchführen:
Durch Gleichsetzen der Funktion f mit der Tangente aus dem 3. Schritt folgt:
$x^2 = 4x - 5$
$x^2 - 4x + 5 = 0$
Diese quadratische Gleichung hat keine Lösung, da bei der Anwendung der Lösungsformel der Term unter der Wurzel negativ ist.
Die Probe geht also nicht auf. Daraus folgt, dass die Gleichung $y = 4x - 5$ falsch sein muss.
Dieselbe Rechentechnik hat beim 1. Schritt ein richtiges, beim 3. Schritt aber ein falsches Ergebnis geliefert.
Vorteil: Die Klasse spürt die Notwendigkeit, Klarheit zu schaffen. Die Schülerinnen und Schüler sind neugierig geworden.
4. Schritt: Wir schaffen Klarheit.
Die Lehrperson sorgt dafür, dass die Klasse Einiges selbst entdecken kann. Eine wichtige Abweichung zwischen dem 1. und dem 3. Schritt besteht darin, dass die Punkte P und Q unterschiedlich sind.

Arbeitsauftrag
Prüfen Sie, ob P bzw. Q auf dem Graphen von f liegen.

Lösung
$P(3 \mid 9)$ liegt auf dem Graphen, denn $f(3) = 9$.
$Q(2 \mid 3)$ liegt nicht auf dem Graphen, denn $f(2) = 4$ und nicht 3.
Für $x = 2$ erhält man den Punkt $R(2 \mid 4)$ des Graphen.

Arbeitsauftrag
Was ist die Gleichung der Tangente im Punkt R(2 | 4)?

Lösung
t: $y = mx + c$
$f'(x) = 2x$
$m = f'(2) = 2 \cdot 2 = 4$
Also $m = 4$.
t: $y = 4x + c$
Punktprobe mit R(2 | 4):
$4 = 4 \cdot 2 + c$
$c = -4$
t: $y = 4x - 4$
Man stellt fest: Die Steigungen von $y = 4x - 5$ und $y = 4x - 4$ sind gleich, nur die c-Werte sind unterschiedlich.
Gleiche Steigung bedeutet Parallelität. Wir stellen fest: Die „falsche Tangente" $y = 4x - 5$ verläuft also parallel zur richtigen Tangente $y = 4x - 4$.
Die Punkte Q(2 | 3) und R(2 | 4) haben denselben x-Wert. Die y-Werte unterscheiden sich jeweils um 1, denn $4 - 3 = 1$ und $-4 - (-5) = 1$.
Anschaulich:

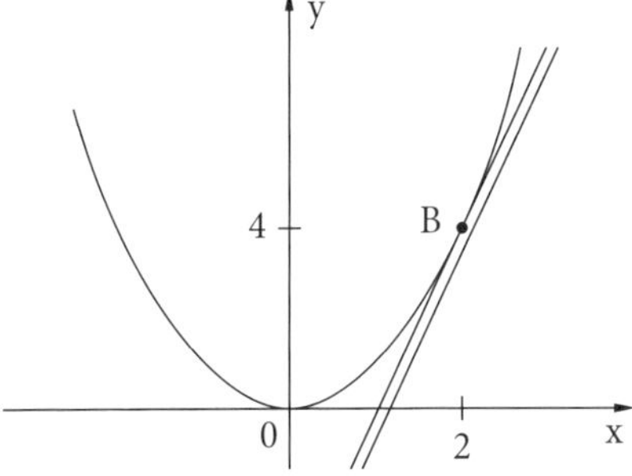

Das Wichtigste wird nun schriftlich festgehalten. Die Lehrperson diktiert Folgendes:

Vorsicht, Falle!
Der Ansatz $m = f'(x_0)$ gilt nur dann, wenn der gegebene Punkt $P(x_0 \mid y_0)$ auf dem Graphen von f liegt.
Da aber Q(2 | 3) nicht auf dem Graphen liegt, war $m = f'(2)$ ein **Denkfehler**.

So ist es zu erklären, dass die bekannte Rechentechnik zu einem falschen Ergebnis führte.
Um den Unterschied zu unterstreichen, hebt die Lehrperson hervor, dass derselbe Ansatz $m = f'(2)$ für den Punkt $R(2 \mid 4)$ richtig gewesen wäre.
Nach dieser Entdeckung drängt sich die Frage auf, wie man die Aufgabe richtig hätte lösen können. Dies folgt im nächsten Schritt.
5. Schritt: Wir lösen die Aufgabe vom 3. Schritt korrekt.
Das Problem bei der Aufgabe ist, dass wir den Berührpunkt nicht kennen. Laut dem 1. Schritt muss dies der Punkt $P(3 \mid 9)$ sein. Dieser Blick hinter die Kulissen ist aber lediglich eine Art „Spickzettel", denn aus der Aufgabenstellung vom 3. Schritt geht das nicht hervor.
Wir bezeichnen den Berührpunkt mit $B(u \mid f(u))$.
Die Lehrperson geht kurz darauf ein, warum man als Bezeichnung nicht $B(x \mid f(x))$ nehmen kann. Eine mögliche Begründung: Mit x meint man eine Variable, die auch nach dem Lösen der Aufgabe variabel bleibt. Die x-Koordinate des Berührpunkts ist hingegen eine für uns jetzt noch unbekannte Zahl, die aber nach dem Lösen feststeht und nicht mehr variabel ist.
B liegt auf dem Graphen und somit ist jetzt der Ansatz $m = f'(u)$ korrekt.
$t: y = mx + c$
$m = f'(u)$
$t: y = f'(u) \cdot x + c$
Punktprobe mit $Q(2 \mid 3)$:
$3 = 2 \cdot f'(u) + c$
Wir haben eine Gleichung, aber zwei Unbekannte: u und c.
Hier kann die Lehrperson kurz innehalten. Hat vielleicht jemand eine Idee? Andernfalls teilt man der Klasse mit, dass ein neuer Ansatz erforderlich ist.
Merke: Die Tangentengleichung im Berührpunkt $B(u \mid f(u))$ lautet:
$t: y = f'(u)(x - u) + f(u) \qquad (*)$
Wenn der Klasse die Punkt-Steigungs-Form $y - y_1 = m(x - x_1)$ einer Geradengleichung bekannt ist, kann die Lehrperson die obige Gleichung damit begründen. Eine Möglichkeit hierfür:
Mit $x_1 = u$, $y_1 = f(u)$ und $m = f'(u)$ folgt:
$y - f(u) = f'(u)(x - u)$ oder
$t: y = f'(u)(x - u) + f(u)$
Die Lehrperson kann noch einmal die Frage aufgreifen, warum man als Berührpunkt nicht $B(x \mid f(x))$ nehmen kann. Dies geht schon aus

folgendem Grund nicht: Mit $u = x$ würde die Tangentengleichung wie folgt aussehen:

$t: y = f'(x)(x - x) + f(x) = f'(x) \cdot 0 + f(x) = 0 + f(x) = f(x)$

Also $t: y = f(x)$. Die Tangente und der Graph wären gleich. Dies kann nicht sein.

Weiter kann $f'(u) = 2u$ und $f(u) = u^2$ in (*) eingesetzt werden. Man erhält damit

$t: y = 2u(x - u) + u^2$

Die Gleichung für die Tangente mag korrekt sein, aber was bringt uns eine Gleichung mit drei Unbekannten?

Abhilfe: Welche Angabe aus der Aufgabe wurde noch nicht verwendet? Q(2 | 3) liegt zwar nicht auf dem Graphen, aber auf der Tangente. Die Punktprobe ergibt:

$3 = 2u(2 - u) + u^2$

$3 = 4u - 2u^2 + u^2$

$u^2 - 4u + 3 = 0$

Diese quadratische Gleichung hat als Lösungen $u_1 = 3$ und $u_2 = 1$.

Wegen der zwei Werte für u ist eine Fallunterscheidung erforderlich.

1. Fall: $u = 3$

$B_1(3 \mid f(3)) = (3 \mid 9)$

Dies ist der Punkt P aus Schritt 1. Diesen Punkt haben wir erwartet.

Die Gleichung der Tangente wurde im 1. Schritt bereits ermittelt:

$t_1: y = 6x - 9$

2. Fall: $u = 1$

$B_2(1 \mid f(1)) = (1 \mid 1)$

Dieser Punkt ist neu; wir haben damit eigentlich nicht gerechnet.

Die Gleichung der Tangente in $B_2(1 \mid 1)$ muss noch ermittelt werden.

Dies kann auf zwei Arten erfolgen (siehe die zwei Spalten).

$t_2: y = mx + c$	$t_2: y = f'(u)(x - u) + f(u)$
$f'(x) = 2x$	$t_2: y = f'(1)(x - 1) + f(1)$
$m = f'(1) = 2$	$f'(x) = 2x$
$t_2: y = 2x + c$	$f'(1) = 2$
Punktprobe mit $B_2(1 \mid 1)$:	$f(1) = 1^2 = 1$
$1 = 2 + c$	$t_2: y = 2(x - 1) + 1$
$c = -1$	$t_2: y = 2x - 2 + 1$
$t_2: y = 2x - 1$	$t_2: y = 2x - 1$

Der Rechenweg liefert zwei Berührpunkte und zwei Tangenten. Von Q aus kann man also zwei Tangenten an den Graphen legen: die vom 1. Schritt bekannte, aber auch eine neue.

Anschaulich:

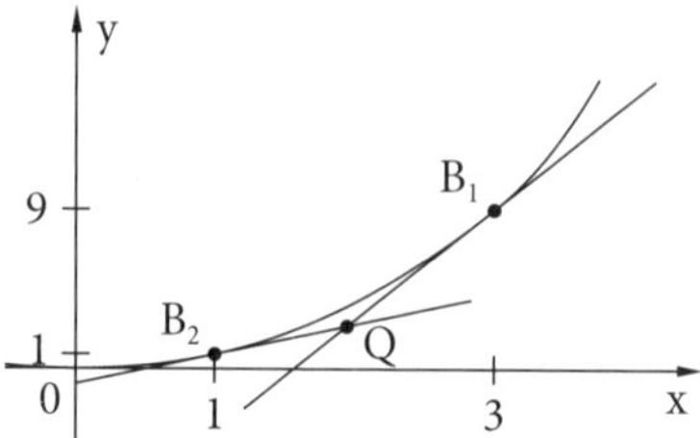

Die Lehrperson schreibt jetzt B(u | f(u)) an die Tafel und fragt die Klasse, welches Wort entsteht, wenn man die Klammern weglässt und alle vier Buchstaben zusammenliest.
Die Überschrift „Die Bufu-Methode“ wird erst jetzt an die Tafel geschrieben. Die Lehrperson stellt klar, dass es sich dabei um keine offizielle Bezeichnung handelt. Der Ausdruck Bufu-Methode ist Umgangssprache, aber durchaus sinnvoll. Zum einen spart man sich lange Sätze wie „Tangente zum Graphen von einem Punkt, der nicht auf dem Graphen liegt“. Zum anderen ist der mathematisch wichtige Kern B(u | f(u)) im Ausdruck bereits enthalten.
Merke: Bei der Suche nach einer Tangente durch einen Punkt sollte man zunächst prüfen, ob der Punkt auf dem Graphen von f liegt.
Wenn ja, greift der Ansatz $y = mx + c$ mit $m = f'(x_0)$.
Wenn nein, muss man die Bufu-Methode anwenden.

Aufgabe 5

Es sei $f(x) = 0{,}5x^2 + 1$ und R(2 | 1). Bestimmen Sie alle Tangenten an den Graphen von f, die durch den Punkt R gehen.

Lösung

Der Punkt R liegt nicht auf dem Graphen, denn $f(2) = 3$ und nicht 1.

$t: y = f'(u)(x - u) + f(u)$

$1 = f'(u)(2 - u) + f(u)$

$1 = u(2 - u) + 0{,}5u^2 + 1$

$1 = 2u - u^2 + 0{,}5u^2 + 1$

$0 = 2u - 0{,}5u^2 \mid \cdot 2$

$u^2 - 4u = 0$

Diese quadratische Gleichung hat als Lösungen $u_1 = 0$ und $u_2 = 4$.

$t_1: y = f'(0)(x - 0) + f(0)$	$t_2: y = f'(4)(x - 4) + f(4)$
$t_1: y = 0 \cdot (x - 0) + 1$	$t_2: y = 4 \cdot (x - 4) + 9$
$t_1: y = 1$	$t_2: y = 4x - 7$

Aufgabe 6

Gegeben ist $g(x) = x^2$ und der Punkt Q(1 | 2).
Ermitteln Sie die Anzahl der Tangenten an den Graphen von g, die durch den Punkt Q gehen.

Lösung

Der Punkt Q liegt nicht auf dem Graphen, denn $g(1) = 1$ und nicht 2.

$t: y = g'(u)(x - u) + g(u)$

$2 = g'(u)(1 - u) + g(u)$

$2 = 2u(1 - u) + u^2$

$2 = 2u - 2u^2 + u^2$

$u^2 - 2u + 2 = 0$

Diese quadratische Gleichung hat keine Lösung.

Dies bedeutet: Es gibt keine Tangente an den Graphen von g, die durch den Punkt Q geht.

Vorteil: Die Klasse erkennt, dass es manchmal keine passende Tangente gibt.

Merke: In einem Punkt *des Graphen* gibt es stets *genau eine* Tangente. Von einem Punkt *außerhalb des Graphen* hingegen können *eine*, *mehrere* oder sogar *keine* Tangente zum Graphen gelegt werden können.

6.3.2 Alltagsbezogene Anwendungen

Ein Schwerpunkt dieser Anwendungen ist das Herausfinden der relevanten Angaben aus einer Sachaufgabe.

Die nächste Aufgabe wird mit der Klasse sehr ausführlich besprochen.

Aufgabe 7

Auf der x-Achse verläuft ein ebenes Gelände, aus dem ein Hügel aufragt, dessen Umrisslinie durch den Graphen der Funktion

$f(x) = -\frac{2}{5}x^2 + 10$

beschrieben wird (eine Längeneinheit entspricht 1 m).

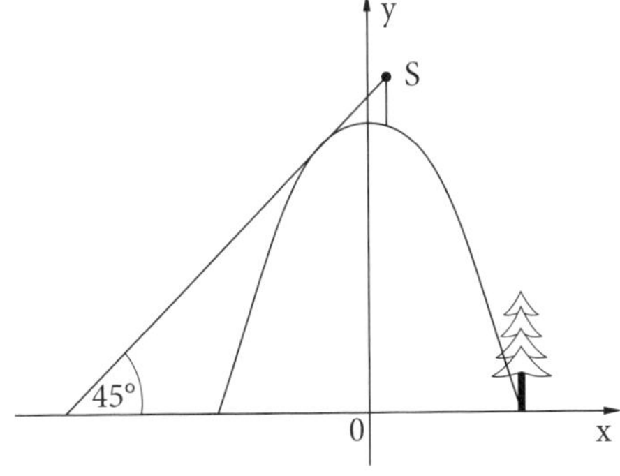

Auf dem Hügel steht eine Stange, an deren Spitze S ein Licht leuchtet (siehe Abbildung). Auf der linken Seite des Hügels treffen die Lichtstrahlen auf den Boden, allerdings nur bis zu einem Winkel von 45° gegenüber der Horizontalen.

Am rechten Rand des Hügels steht ein Baum; der Baum wird erst ab einer Höhe von 2,50 m von dem Licht in S angeleuchtet.

a) In welcher Entfernung vom linken Hügelrand trifft der eingezeichnete Lichtstrahl auf den Boden?

b) Welche Höhe hat die Stange, auf der das Licht brennt?

Lösung

a) Zunächst ermittelt man die Ränder des Hügels. Die Bedingung dafür lautet

$f(x) = 0$

$-\frac{2}{5}x^2 + 10 = 0 \mid \cdot 5$

$-2x^2 + 50 = 0$

$x^2 = 25$

$x_{1;2} = \pm 5$

Die Lehrperson fordert die Klasse auf, passende Tangenten mit Bleistift einzuzeichnen. Anschließend zeigt sie die folgende Abbildung. Sie bittet die Klasse, die Zahlen und die Bezeichnungen auf dem Arbeitsblatt mit Bleistift einzutragen. Die einheitlichen Bezeichnungen erleichtern Vergleiche.

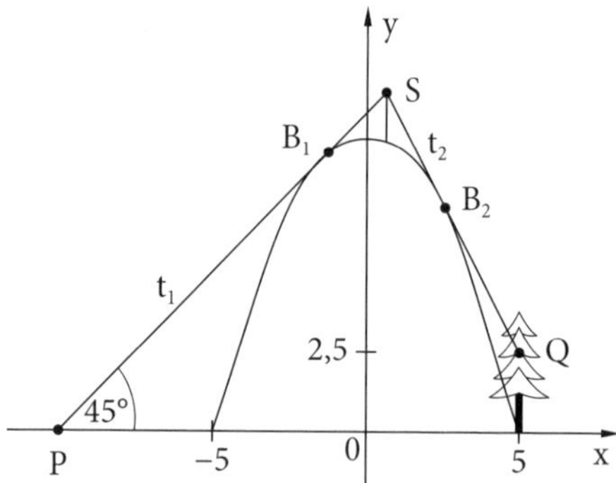

Bei der Tangente t_1 ist kein einziger Punkt bekannt: weder P, noch B_1 noch S.

Die Lehrperson fragt die Klasse:

Was für ein Ansatz wäre trotzdem möglich?

Antwort: Da der Steigungswinkel der Tangente bekannt ist, kann man die Steigung der Tangente ermitteln. Man sucht den Berührpunkt B_1 der Tangente mit bekannter Steigung.
Falls die Schülerinnen und Schüler diesen Zusammenhang nicht erkennen, kann die Lehrperson nochmals an die doppelte Bedeutung der Steigung $m = f'(x_0)$ erinnern.
$m = \tan(\alpha)$
Mit $\alpha = 45°$ folgt $m = \tan(45) = 1$.
Also ist $m = 1$.
Der Berührpunkt sei $B_1(u \mid f(u))$.
Es gilt damit $f'(u) = 1$.
Andererseits ist $f'(u) = -\frac{4}{5}u$.
$f'(u) = 1$ bedeutet
$-\frac{4}{5}u = 1$
mit der Lösung
$u = -1{,}25$.
Die Tangentengleichung im Punkt B_1 lautet:
$t_1: y = f'(u)(x - u) + f(u)$
$t_1: y = f'(-1{,}25)(x + 1{,}25) + f(-1{,}25)$
Die Steigung ist 1, siehe oben.
Mithilfe des Taschenrechners erhält man:
$f(-1{,}25) = 9{,}375$
$t_1: y = 1 \cdot (x + 1{,}25) + 9{,}375$
$t_1: y = 1 \cdot x + 10{,}625$
Für den Punkt P gilt $y = 0$, da der Punkt auf der x-Achse liegt.
Mit $y = 0$ folgt
$x + 10{,}625 = 0$ und damit $x = -10{,}625$.
Der Abstand zum linken Hügelrand ist die Differenz $10{,}625 - 5 = 5{,}625$.
Die gesuchte Entfernung beträgt also 5,625 m.

b) Da der Punkt $Q(5 \mid 2{,}5)$ nicht auf dem Graphen von f liegt, wendet man die Bufu-Methode an.
$t_2: y = f'(u)(x - u) + f(u)$
$2{,}5 = -\frac{4}{5}u(5 - u) - \frac{2}{5}u^2 + 10 \mid \cdot 10$
$25 = -40u + 8u^2 - 4u^2 + 100$
$4u^2 - 40u + 75 = 0$
Diese quadratische Gleichung hat als Lösungen $u_1 = 2{,}5$ und $u_2 = 7{,}5$.

Den Wert 7,5 muss man verwerfen, denn der Hügel endet bei $x = 5$. Der Wert 2,5 liegt im Bereich $0 < u < 5$.

t_2: $y = f'(2{,}5)(x - 2{,}5) + 7{,}5$

t_2: $y = -2 \cdot (x - 2{,}5) + 7{,}5$

t_2: $y = -2x + 12{,}5$

S entsteht als Schnittpunkt von t_1 und t_2. Durch Gleichsetzen folgt:

$x + 10{,}625 = -2x + 12{,}5$

$3x = 1{,}875$

$x = 0{,}625$

Eingesetzt in t_1 oder t_2 erhält man den Schnittpunkt $S(0{,}625 \mid 11{,}25)$. 11,25 ist nicht die Höhe der Stange, sondern gibt an, in welcher Höhe die Spitze S oberhalb des Bodens liegt.

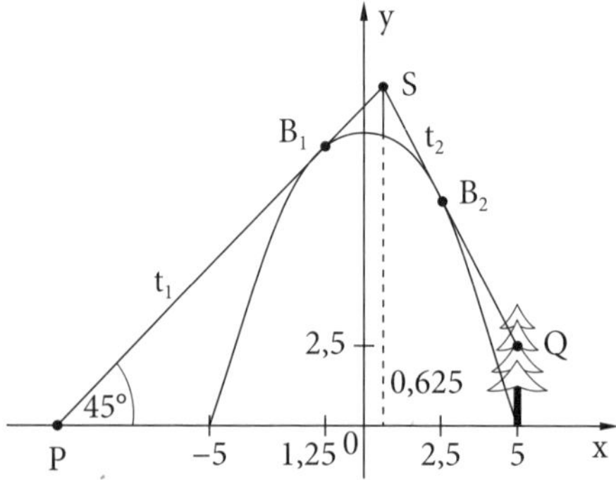

Um die Höhe der Stange zu ermitteln, muss man noch von 11,25 die Höhe des Hügels an dieser Stelle abziehen:

$11{,}25 - f(0{,}625) = 11{,}25 - 9{,}84375 \approx 1{,}41$

Die Höhe der Stange beträgt also etwa 1,41 m.

Aufgabe 8

Es wird ein hoher Mast betrachtet, der im gewählten Koordinatensystem entlang der y-Achse verläuft. Am Fuße des Masts beginnt ein kleiner Hügel, dessen Verlauf durch den Graphen der Funktion

$f(x) = -0{,}25x^2 + 2x$

beschrieben wird.

Am rechten Rand des Hügels steht eine Kiste, die 1,50 m breit und hoch ist.

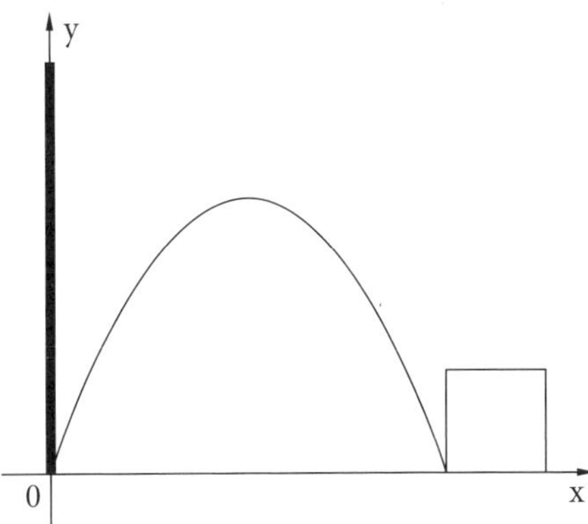

Wie hoch muss ein Kletterer an dem Mast hochklettern, damit die Kiste im Blickfeld zu erscheinen beginnt?

Lösung

Die Kiste beginnt zu erscheinen, wenn man den Hügel mit dem Blick so streift, dass man den rechten Eckpunkt der Kiste, hier als Punkt P bezeichnet, sieht.

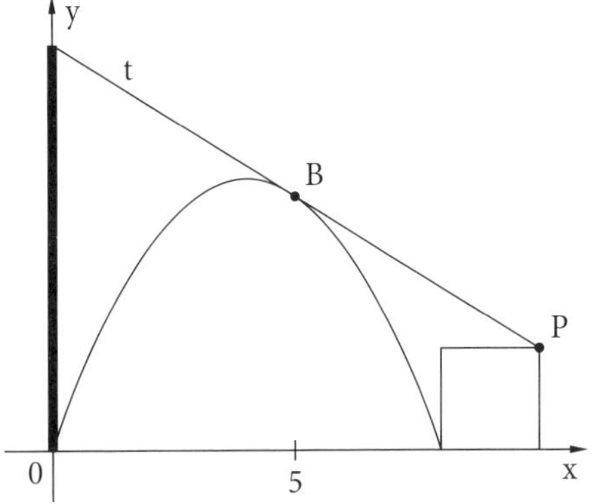

Die Enden des Hügels sind die Nullstellen von f. Aus $f(x) = 0$ folgt:

$-0{,}25x^2 + 2x = 0$

Diese quadratische Gleichung hat die Lösungen $x_1 = 0$ und $x_2 = 8$.

Damit hat der Punkt P die Koordinaten $P(9{,}5 \mid 1{,}5)$.

Da der Punkt P nicht auf dem Graphen liegt, wendet man die Bufu-Methode an.

$t: y = f'(u)(x - u) + f(u)$

$1{,}5 = f'(u)(9{,}5 - u) + f(u)$

$1{,}5 = (-0{,}5u + 2)(9{,}5 - u) - 0{,}25u^2 + 2u$

$1{,}5 = -4{,}75u + 0{,}5u^2 + 19 - 2u - 0{,}25u^2 + 2u$

$1{,}5 = -4{,}75u + 0{,}25u^2 + 19$

$0{,}25u^2 - 4{,}75u + 17{,}5 = 0 \mid : 0{,}25$

$u^2 - 19u + 70 = 0$

Diese quadratische Gleichung hat als Lösungen $u_1 = 5$ und $u_2 = 14$.
Letztere entfällt, da der Hügel bei $x = 8$ endet.
Damit ist der Berührpunkt $B(5 \mid f(5))$, also $B(5 \mid 3{,}75)$.

$t: y = f'(5)(x - 5) + f(5)$

$t: y = -0{,}5(x - 5) + 3{,}75$

$t: y = -0{,}5x + 6{,}25$

Der y-Achsenabschnitt liefert die gesuchte Höhe.
Für $x = 0$ bekommt man $y = 6{,}25$.
Antwort: In der Höhe von 6,25 m beginnt die Kiste im Blickfeld zu erscheinen.

Stammfunktion

7

Vorbemerkung: Stammfunktionen können durch „Rückwärtsdenken" zum Ableiten eingeführt werden. Bevor die Ermittlung von Stammfunktionen geübt wird, entdeckt die Klasse, welche wichtige Anwendung Stammfunktionen haben.

7.1 Beispiel für eine Stammfunktion

Bereits bei diesem Beispiel gehen Ableiten und Stammfunktion Hand in Hand.

Die Lehrperson schreibt an die Tafel:

?

$\downarrow'$

$f(x) = 4x^3$

$\downarrow'$

$f'(x) = 12x^2$

und sagt der Klasse:

Die Funktion $f(x) = 4x^3$ ergibt abgeleitet $f'(x) = 12x^2$. Aber welche Funktion ergibt abgeleitet $f(x) = 4x^3$?

Das Beispiel ist so gewählt, dass viele Schülerinnen und Schüler diese Funktion schnell erraten.

$F(x) = x^4$

$\downarrow'$

$f(x) = 4x^3$

$\downarrow'$

$f'(x) = 12x^2$

Vorteil: Die Klasse hat an einem Beispiel eine Stammfunktion selbst ermittelt.

An dieser Stelle notiert die Lehrperson die Definition.

Definition: Eine Funktion F heißt **Stammfunktion** von f, wenn gilt:

$F'(x) = f(x)$

7.2 Stammfunktion an einem Beispiel aus dem Alltag

Das Wort „Stammfunktion" könnte man so erklären: „Woher stammt die Funktion f?"

Die Lehrperson greift nun einen Zweig eines Familienstammbaums auf.

Funktionen	**Familienmitglieder**
$F(x) = x^4$	Oma
↓ '	↓
$f(x) = 4x^3$	Mutter
↓ '	↓
$f'(x) = 12x^2$	Sophie

Es folgt nun eine Art Wortspiel, bei dem die Begriffe Stammfunktion und Ableitungen auf die Familienmitglieder übertragen werden. Anbei einige Beispiele:

Frage: Was ist die Mutter für Sophie?	*Antwort:* Ihre Stammfunktion.
Frage: Was ist Sophie für die Mutter?	*Antwort:* Ihre erste Ableitung.
Frage: Was ist die Oma für die Mutter?	*Antwort:* Ihre Stammfunktion.
Frage: Was ist Sophie für die Oma?	*Antwort:* Ihre zweite Ableitung.
Frage: Was ist die Oma für Sophie?	*Antwort:* Die Stammfunktion ihrer Stammfunktion.

Vorteil: Zusammenhänge zwischen mathematischen Begriffen werden auf spielerische Art geübt.

An dieser Stelle kann das von den Schülerinnen und Schülern häufig benutzte Wort „Aufleiten" anschaulich angesprochen werden.

$F(x) = x^4$ Aufleitung

↑ aufgeleitet

$f(x) = 4x^3$

↓ abgeleitet

$f'(x) = 12x^2$ Ableitung

Schülersprache	**Mathematikersprache**
aufleiten	Stammfunktion bilden
Aufleitung	Stammfunktion

„Aufleitung" und „aufleiten" sind die entsprechenden Worte zu „Ableitung" und „ableiten". Man kann sie daher im Unterricht zulassen. Die Klasse soll aber die Mathematikersprache beherrschen und in Prüfungssituationen diese anwenden.

7.3 Wozu braucht man Stammfunktionen?

Aus didaktischer Sicht ist von großer Bedeutung, diese Frage möglichst schnell zu beantworten.

Beispiel 1

Der Graph der konstanten Funktion $f(x) = 2$ schließt mit der x-Achse im Bereich $1 \leq x \leq 4$ eine rechteckige Fläche ein. Der Flächeninhalt ist $A = 3 \cdot 2 = 6$.

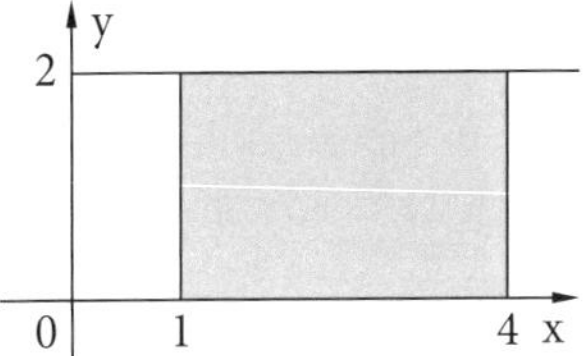

Andererseits ist $F(x) = 2x$ eine Stammfunktion von f. Es gilt $F(1) = 2$ und $F(4) = 8$.
Die Lehrperson fragt die Klasse:
Wie entsteht 6 mithilfe von 8 und 2?
Es ist damit zu rechnen, dass die meisten Schülerinnen und Schüler den Zusammenhang $6 = 8 - 2$ sofort entdecken.
$A = F(4) - F(1)$
Vorteil: Der Hauptsatz der Differenzial- und Integralrechnung wurde von der Klasse an einem Beispiel entdeckt.
Ein einziges Beispiel könnte aber nur zufällig richtig sein. Deswegen bringt die Lehrperson noch ein zweites Beispiel.

Beispiel 2

Der Graph der linearen Funktion $f(x) = -2x + 6$ schließt mit der x-Achse im Bereich $1 \leq x \leq 3$ eine dreieckige Fläche ein.

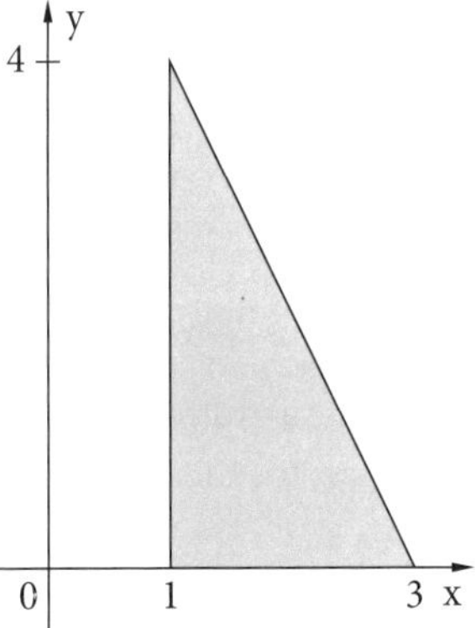

Der Flächeninhalt des rechtwinkligen Dreiecks ist $A = \frac{2 \cdot 4}{2} = 4$.

Andererseits ist $F(x) = -x^2 + 6x$ eine Stammfunktion von f.
Es gilt $F(1) = -1^2 + 6 \cdot 1 = -1 + 6 = 5$ und $F(3) = -3^2 + 6 \cdot 3 = -9 + 18 = 9$.
Die Klasse prüft den Zusammenhang:
$9 - 5 = 4$ √
Also $A = F(3) - F(1)$.

Vorteil: Der entdeckte Zusammenhang wurde in einem anderen Beispiel bestätigt.
Die Lehrperson teilt der Klasse mit, dass sie einen wichtigen Zusammenhang entdeckt hat.
Allgemein gilt:
Bei einer positiven und stetigen Funktion f kann man den Inhalt der Fläche, die der Graph von f und die x-Achse zwischen a und b einschließen, folgendermaßen berechnen:
$A = F(b) - F(a)$

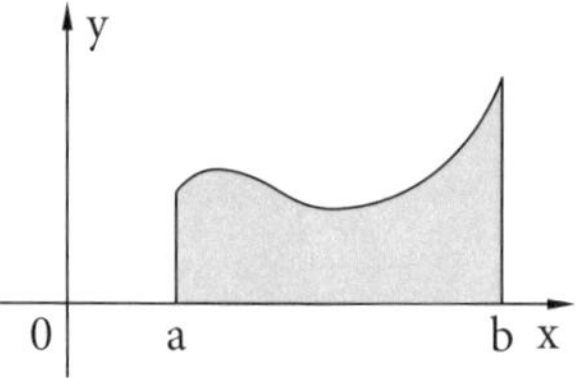

Das gilt auch dann, wenn der Graph eine „krumme Linie" ist.
Vorteil: Die Klasse erfährt eine wichtige Anwendung. Mithilfe von Stammfunktionen kann man auch solche Flächeninhalte ermitteln, für die man bisher keine Formel hatte.
Vorteil: Durch diesen Zusammenhang ebnet man den Weg zur Integralrechnung.

7.4 Grundstammfunktionen

Aufgabe 1
$f(x) = x^4$, $F(x) = ?$

Lösung
Der Term x hoch fünf ergibt abgeleitet x hoch vier mit dem Vorfaktor 5.
$(x^5)' = 5x^4$
Der Faktor 5 kommt aber im Term von f(x) nicht vor.

$F(x) = \frac{1}{5}x^5$ ist korrekt.

Probe: $F'(x) = \frac{1}{5} \cdot 5x^4 = x^4 = f(x)$ und es stimmt.

Die Lehrperson schreibt nun den Term von F(x) etwas anders:

$F(x) = \frac{x^{4+1}}{4+1}$

Vorteil: So kann man die allgemeine Formel entdecken:

Merke: Für $f(x) = x^k$ gilt $F(x) = \frac{x^{k+1}}{k+1}$ $(k \neq -1)$ (Formel)

Aufgabe 2
$f(x) = 6x^2$, $F(x) = ?$

Lösung

$F(x) = 6 \cdot \frac{x^3}{3} = 2x^3$

Aufgabe 3
$f(x) = \frac{3}{x^2}$, $F(x) = ?$

Lösung
Zunächst formt man f(x) um:

$f(x) = \frac{3}{x^2} = 3x^{-2}$

Jetzt kann man die obige Formel anwenden, wobei $k = -2$.

$F(x) = \frac{3x^{-2+1}}{-2+1} = \frac{3x^{-1}}{-1} = -\frac{3}{x}$

TIPP: Bei negativen Hochzahlen ist es sinnvoll, nicht im Kopf zu rechnen, sondern die Formel zunächst ausführlich auszuschreiben.

Aufgabe 4

$f(x) = \frac{2}{\sqrt{x}}$, $F(x) = ?$

Lösung
Zunächst formt man f(x) um:

$f(x) = \frac{2}{\sqrt{x}} = \frac{2}{x^{\frac{1}{2}}} = 2x^{-\frac{1}{2}}$

Jetzt kann man die Formel anwenden, wobei $k = -\frac{1}{2}$.

$F(x) = \frac{2x^{-\frac{1}{2}+1}}{-\frac{1}{2}+1} = \frac{2x^{\frac{1}{2}}}{\frac{1}{2}} = 4\sqrt{x}$

TIPP: Bei rationalen Hochzahlen ist es sinnvoll, nicht im Kopf zu rechnen, sondern die Formel zunächst ausführlich auszuschreiben.
Es folgen Funktionsterme mit linearen Verkettungen. Der Lehrer ermittelt bei der ersten Verkettung sowohl die erste Ableitung als auch eine Stammfunktion. Dies führt zum besseren Verständnis.

Aufgabe 5
$f(x) = e^{5x-2}$, $F(x) = ?$

Lösung
Zunächst bildet man die erste Ableitung.
$f'(x) = \mathbf{5}e^{5x-2}$
Nun ermittelt man eine Stammfunktion.
Wenn man diese ableitet, muss sich der Faktor 5 aufheben. Daher wählt man für F

$$F(x) = \frac{e^{5x-2}}{\mathbf{5}}$$

Die Lehrperson markiert erst jetzt die Zahl 5 bei f, f' und F.
Vorteil: Die Klasse entdeckt selbst eine Regel.
Beachte: Bei einer linearen Verkettung der Form $y = mx + c$ wird bei der Ableitung mit m multipliziert, bei einer Stammfunktion durch m dividiert.

Aufgabe 6
$f(x) = \cos(4x)$, $F(x) = ?$
Die Ableitung der Winkelfunktionen geht in der Regel problemlos. Bei Stammfunktionen bilden, also beim „rückwärtsdenken" können manche Lernende Schwierigkeiten bekommen. Daher erhalten sie einen Tipp dazu.

Lösung
$F'(x) = f(x)$
Zunächst betrachten wir folgende Tabelle:

$(\sin(x))' = \cos(x)$ ←
$(\cos(x))' = -\sin(x)$
$(-\sin(x))' = -\cos(x)$
$(-\cos(x))' = \sin(x)$

Bei Aufgabe 6 ist f als Grundfunktion cos(x). Um die Kosinusfunktion zu erhalten, muss man bei F eine Sinusfunktion ableiten, siehe die Zeile mit dem Pfeil. Wegen der Verkettung muss man noch die Regel aus Aufgabe 5 berücksichtigen:

$$F(x) = \frac{1}{4}\sin(4x)$$

Vorteil: Die Klasse besitzt für Winkelfunktionen einen Ansatz, mit dem man eine Stammfunktion bilden kann.

Aufgabe 7
$f(x) = -\sin(7x)$, $F(x) = ?$

Lösung
Die Funktion f besteht aus der Grundfunktion $-\sin(x)$. Laut Tabelle muss F eine Kosinusfunktion sein. Wegen der Verkettung gilt:

$F(x) = \frac{1}{7}\cos(7x)$

Aufgabe 8
$f(x) = 20(5x - 1)^3$, $F(x) = ?$

Lösung
Einerseits gilt die Formel mit $k = 3$, andererseits muss man noch die Verkettung berücksichtigen.

$F(x) = \frac{1}{4} \cdot \frac{1}{5} \cdot 20(5x - 1)^4 = (5x - 1)^4$

Probe:
$F'(x) = ((5x - 1)^4)' = 4(5x - 1)^3 \cdot (5x - 1)' = 4(5x - 1)^3 \cdot 5 = 20(5x - 1)^3$
$= f(x)$

Aufgabe 9

$f(x) = \frac{1}{x}$, $F(x) = ?$

Die Klasse kann es zunächst so versuchen, wie bei Aufgabe 3.

Lösung

$f(x) = \frac{1}{x} = x^{-1}$

$F(x) = \frac{x^{-1+1}}{-1+1} = \frac{x^0}{0}$

Dies geht jedoch nicht, da im Nenner keine Null stehen darf, siehe noch die Bedingung $k \neq -1$ bei der Formel.
Die Lehrperson teilt der Klasse mit, dass es sich hier um einen Sonderfall handelt.
Beachte: Für die Funktion $f(x) = \frac{1}{x}$ ist eine Stammfunktion $F(x) = \ln(x)$ für $x > 0$.
Für beliebiges $x \neq 0$ gilt: Für die Funktion $f(x) = \frac{1}{x}$ ist eine Stammfunktion $F(x) = \ln(|x|)$.

Aufgabe 10

$f(x) = \frac{8}{x}$, $F(x) = ?$

Lösung

$f(x) = \frac{8}{x} = 8 \cdot \frac{1}{x}$

$F(x) = 8\ln(|x|)$

Aufgabe 11

$f(x) = \frac{6}{3x+2}$, $F(x) = ?$

Lösung

$f(x) = 6 \cdot \frac{1}{3x+2}$

Wegen der Verkettung erhält man

$F(x) = 6 \cdot \frac{1}{3} \cdot \ln(|3x + 2|) = 2\ln(|3x + 2|)$

Umkehrfunktion

8

Vorbemerkung: Der Begriff wird zunächst an Beispielen aus dem Alltag erläutert. Es folgen mathematische Beispiele und eine Definition der Umkehrfunktion. Die Klasse erfährt, wie man den Term einer Umkehrfunktion aufstellen kann. Der Zusammenhang zwischen den Graphen von Funktion und Umkehrfunktion wird entdeckt. Schließlich zeigt der Beitrag, wie man die Existenz einer Umkehrfunktion mithilfe der 1. Ableitung untersuchen kann.

8.1 Beispiele aus dem Alltag

Beispiel 1 (bezieht sich auf ein Schulinternat für Jungen)
Jedem Schüler wird seine Schülerausweisnummer zugeordnet.
Umgekehrt:
Jeder Schülerausweisnummer wird der entsprechende Schüler zugeordnet.
In einem Unterrichtsgespräch klärt die Lehrperson ab, dass es sich um zwei bekannte, sinnvolle Zuordnungen handelt. Man nennt einige Situationen, bei denen diese Zuordnungen im Alltag verwendet werden.
Vorteil: Das Beispiel stammt aus der Lebenswelt der Lernenden. Die Klasse hat das Phänomen der Umkehrfunktion intuitiv bereits erfasst.

Beispiel 2
Jedem Auto wird sein Kennzeichen zugeordnet.
Die Lehrperson kann die Klasse fragen: „Und wie ist es umgekehrt?!"
Umgekehrt:
Jedem Kennzeichen wird das dazugehörige Auto zugeordnet.
Auch hier handelt es sich um zwei bekannte, sinnvolle Zuordnungen. Man nennt einige Situationen, bei denen diese Zuordnungen im Alltag verwendet werden.
Vorteil: Das Beispiel stammt aus dem Alltag. Einige Schülerinnen und Schüler können eine Umkehrfunktion allein formulieren.
Nach dem zweiten Beispiel kann man den Begriff der Umkehrfunktion zunächst intuitiv einführen.
Bei beiden Zuordnungen handelt es sich um jeweils eine **Funktion**. Vereinfacht gesagt entsteht die zweite Funktion, indem man die Richtung der Zuordnung der ersten Funktion umdreht. Eine solche Funktion heißt Umkehrfunktion. Die Umkehrfunktion einer Funktion f wird mit $\overline{f}$ bezeichnet.

Beispiel 1

Funktion: Schüler $\xrightarrow{f}$ Schülerausweisnummer

Umkehrfunktion: Schülerausweisnummer $\xrightarrow{\bar{f}}$ Schüler

Beispiel 2

Funktion: Auto $\xrightarrow{f}$ Kennzeichen

Umkehrfunktion: Kennzeichen $\xrightarrow{\bar{f}}$ Auto

Vorteil: Die Klasse erkennt Gemeinsamkeiten an Beispielen aus dem Alltag.
Bei der Begriffsbildung spielen Gegenbeispiele eine wichtige Rolle, um den jeweiligen Begriff abzugrenzen. Hierzu folgt ein passendes Beispiel.

Beispiel 3
In einem Schulinternat für Jungen mit 500 Schülern wird jedem Schüler sein Geburtstag zugeordnet.
Umgekehrt:
Jedem Geburtstag wird der entsprechende Schüler zugeordnet.
Die Lehrperson fragt die Klasse:
„Was ist bei diesem Beispiel bei der Umkehrung anders als bei den bisherigen Beispielen?"
Das Wichtigste hält man fest. Eine Möglichkeit hierfür:
Die Zuordnung

Schüler $\xrightarrow{f}$ Geburtstag
ist eine **Funktion**.
Die Zuordnung
Geburtstag $\longrightarrow$ Schüler
ist hingegen *keine* Funktion, denn es gibt Geburtstage, denen mehrere Schüler zugeordnet sind.
Begründung: Da es nur 366 verschiedene Geburtstage gibt, aber 500 Schüler im Internat sind, müssen bestimmte Geburtstage mehrfach vorkommen. So könnten zum Beispiel David und Max gemeinsam am 20. Oktober geboren sein.
Die Zuordnung Geburtstag $\longrightarrow$ Schüler ist also *nicht* eindeutig. Laut Definition müssen aber Funktionen *eindeutige* Zuordnungen sein.
Man sagt: Die Funktion aus Beispiel 3 ist **nicht umkehrbar**. Sie besitzt daher *keine* Umkehrfunktion.

Vorteil: Die Klasse entdeckt an einem Beispiel aus dem Alltag, dass nicht jede Funktion umkehrbar ist.
Die Lehrperson kehrt zu den ersten Beispielen zurück und bespricht mit der Klasse, warum bei diesen die Umkehrungen Funktionen darstellen.

Aufgabe 1
Untersuchen Sie, ob die folgenden Funktionen umkehrbar sind. Wenn ja, stelle die Funktion sowie deren Umkehrfunktion durch Pfeile dar.

a) Eine Mädchenklasse hat eine feste Sitzordnung im Klassenzimmer. Jeder Schülerin der Klasse wird ein Sitzplatz im Klassenzimmer zugeordnet.

b) Jeder Schülerin wird ein Stundenplan zugeordnet.

Vorteil: Die Zuordnungen stammen aus der Lebenswelt der Lernenden.

Lösung

a) Die Funktion ist umkehrbar. Jedem Sitzplatz kann man genau eine Schülerin zuordnen.
Funktion:

Schülerin $\xrightarrow{f}$ Sitzplatz

Umkehrfunktion:

Sitzplatz $\xrightarrow{\bar{f}}$ Schülerin

b) Funktion:

Schülerin $\xrightarrow{f}$ Stundenplan

Die Funktion ist *nicht* umkehrbar, denn mehrere Schülerinnen haben denselben Stundenplan. Es ergibt daher keinen Sinn, über eine Umkehrfunktion zu sprechen.
Die Lehrperson kann erwähnen: Die Zuordnung Stundenplan $\longrightarrow$ Schülerin kann sich im Alltag durchaus als sinnvoll erweisen – wenn man zum Beispiel für diese Schülerinnen denselben Stundenplan druckt. Sie ist aber keine Funktion.
Vorteil: Die Klasse erfährt, dass auch solche Zuordnungen möglich sind, die keine Funktion darstellen.
Die Lehrperson betont aber: Ab jetzt werden wir uns nur mit Funktionen beschäftigen. Als Begründung hebt sie den Vorteil einer eindeutigen Zuordnung hervor.

8.2 Mathematische Beispiele

Ab jetzt werden Definitionsmenge und Wertemenge stets thematisiert. Bei 8.1 ist dies mit Absicht noch nicht erfolgt. Zum einen waren sie durch den Sachverhalt vorgegeben, zum anderen ging es dort zunächst nur um die Grundidee.

Beispiel 4

Es sei f: $[9, +\infty) \rightarrow [3, +\infty)$, $f(x) = \sqrt{x}$ eine umkehrbare Funktion. Ermitteln Sie die Umkehrfunktion $\overline{f}$.

Bis jetzt ging es um bekannte Zuordnungen. Der Übergang zu den mathematischen Beispielen wirft unter anderem die Frage auf, um welche Zuordnungen es sich hier handelt. Diesen Aspekt sollte man gleich am Anfang klären.

Merke: Jede Funktion ist eine Zuordnung der Form $x \longrightarrow f(x)$.

Zahlenbeispiele:

$f(9) = \sqrt{9} = 3$, also $9 \xrightarrow{f} 3$

$f(16) = \sqrt{16} = 4$, also $16 \xrightarrow{f} 4$

Eine Untersuchung von Umkehrbarkeit ist nicht nötig, da die Existenz von $\overline{f}$ laut Aufgabenstellung bereits gegeben ist.

Oder umgekehrt:

$3 \xrightarrow{\overline{f}} 9$

$4 \xrightarrow{\overline{f}} 16$

Dass die Gleichung $f(x) = y$ nach x aufgelöst werden muss, wird zunächst an einem Zahlenbeispiel veranschaulicht.

Arbeitsauftrag

Für welches x nimmt die Funktion f den Wert 5 an?

Lösung

$f(x) = 5$

$\sqrt{x} = 5 \quad |\,(\,)^2$

$x = 25$

Vorteil: Die Klasse entdeckt den Ansatz, mithilfe dessen man den Term einer Umkehrfunktion ermitteln kann.

Deutung:

$25 \xrightarrow{f} 5$ und $5 \xrightarrow{\overline{f}} 25$

Oder, zusammengefasst:

$$25 \underset{\bar{f}}{\overset{f}{\rightleftarrows}} 5$$

Allgemein gilt:

$$x \xrightarrow{f} y \text{ und } y \xrightarrow{\bar{f}} x$$

Oder, zusammengefasst:

$$x \underset{\bar{f}}{\overset{\bar{f}}{\rightleftarrows}} y$$

Die Lehrperson kehrt nun zu Beispiel 4 zurück, um den allgemeinen Funktionsterm der Umkehrfunktion zu ermitteln.

Beim Arbeitsauftrag musste man die Gleichung

$f(x) = 5$

nach x auflösen.

Um den allgemeinen Term zu ermitteln, ersetzt man 5 durch y und löst die Gleichung

$f(x) = y$

nach x auf.

$\sqrt{x} = y \quad | (\ )^2$

$x = y^2$

Der Term der Umkehrfunktion lautet $\bar{f}(y) = y^2$, wobei

$\bar{f}: [3, +\infty) \rightarrow [9, +\infty)$.

Beachte: Die Definitionsmenge von f ist die Wertemenge von $\bar{f}$, also

$D_f = W_{\bar{f}}$.

Die Wertemenge von f ist die Definitionsmenge von $\bar{f}$, also $W_f = D_{\bar{f}}$.

Die Lehrperson lässt y als Funktionsvariable zunächst stehen. Dies dient zum besseren Verständnis. Die Umbenennung in x erfolgt erst später.

Beispiel 5

Zeigen Sie, dass die folgende Funktion nicht umkehrbar ist.

$g: \mathbb{R} \rightarrow [0, +\infty), g(x) = x^2$

Lösung

Ansatz: Um etwas zu widerlegen, reicht ein passendes Gegenbeispiel.

$g(-1) = (-1)^2 = 1$ und $g(1) = 1^2 = 1$, also

$-1 \xrightarrow{g} 1$ und $1 \xrightarrow{g} 1$.

Würde man die Pfeile umdrehen, bekäme man

$1 \longrightarrow -1$ und $1 \longrightarrow 1$.

Diese Zuordnung ist aber *nicht eindeutig*, denn 1 würde man sowohl –1 als auch 1 zuordnen.

Damit ist bewiesen, dass g keine Umkehrfunktion besitzt.
Vorteil: Die Klasse erlebt an einem Beispiel, woran die Existenz der Umkehrfunktion scheitern kann. Dieses Gegenbeispiel schärft den Blick für den neuen Begriff.
Die Zeit ist reif für eine mathematische Definition der Umkehrfunktion.

8.3 Mathematische Definition

Definition: Eine Funktion $f\colon D \longrightarrow W$ heißt **umkehrbar**, wenn für jedes y aus W die Gleichung
$f(x) = y$
genau eine Lösung x in D besitzt.
Die Zuordnung
$\overline{f}: W \rightarrow D, \overline{f}(y) = x$
heißt **Umkehrfunktion** der Funktion f.
Vorteil: Die obige Definition baut auf bereits besprochenen Beispielen und Aufgaben auf.

Aufgabe 2
Zeigen Sie, dass die Funktion $f\colon \mathbb{R}\backslash\{1\} \rightarrow \mathbb{R}\backslash\{-2\}, f(x) = \frac{2x-3}{1-x}$ umkehrbar ist und ermitteln Sie die Umkehrfunktion.

Lösung
Es ist zu zeigen, dass für jedes $y \neq -2$ die Gleichung
$f(x) = y$
genau eine Lösung x hat, wobei $x \neq 1$.
Die Bedingung $x \neq 1$ ist erforderlich, denn für $x = 1$ stünde null im Nenner, was jedoch nicht geht.

$f(x) = y$

$\frac{2x-3}{1-x} = y \quad | \cdot (1-x)$

$2x - 3 = y(1-x)$

$2x - 3 = y - yx$

$2x + yx = y + 3$

$(2+y)x = y + 3 \quad | : (2+y)$

$x = \frac{y+3}{2+y}$

Die Bedingung $y \neq -2$ ist erforderlich. Für $y = -2$ wäre nämlich der Nenner null.
Es ist noch zu zeigen, dass $x \neq 1$.

$x \neq 1$

$\frac{y+3}{2+y} \neq 1 \quad | \cdot (2+y)$

$y + 3 \neq 2 + y \quad | -y$

$3 \neq 2$ und es stimmt.
Die Gleichung $f(x) = y$ hat also für jedes $y \neq 2$ genau eine Lösung $x \neq 1$.
Damit ist bewiesen, dass f umkehrbar ist.

Der Term der Umkehrfunktion wurde bereits ermittelt: $\bar{f}(y) = \frac{y+3}{2+y}$

Die gesuchte Umkehrfunktion lautet:

$\bar{f}: \mathbb{R}\setminus\{-2\} \to \mathbb{R}\setminus\{1\}, \bar{f}(y) = \frac{y+3}{2+y}$

Es ist Zeit zu erwähnen, dass man die Funktionsvariable der Umkehrfunktion auch mit x bezeichnen kann.

$\bar{f}(x) = \frac{x+3}{2+x}$

Die Lehrperson erklärt: Ob $\bar{f}(x) = \frac{x+3}{2+x}$ oder $\bar{f}(y) = \frac{y+3}{2+y}$ oder sogar $\bar{f}(u) = \frac{u+3}{2+u}$ – es handelt sich um ein und dieselbe Funktion. Bei der Einführung der Umkehrfunktion diente die Funktionsvariable y zum besseren Verständnis. Es ist jedoch üblich, die Funktionsvariable mit x zu bezeichnen.
Den Schülerinnen und Schülern bleibt freigestellt, ob sie die Funktionsvariable mit x oder mit y bezeichnen.
Die Lehrperson zeigt an dieser Stelle noch eine sinnvolle Probe.
Es sei $x = 2$.

$f(2) = \frac{2 \cdot 2 - 3}{1 - 2} = \frac{4 - 3}{-1} = \frac{1}{-1} = -1$

also

$2 \xrightarrow{f} -1$

Laut Theorie müsste gelten:

$-1 \xrightarrow{\bar{f}} 2$

Probe mit dem Funktionsterm der Umkehrfunktion:

$\overline{f}(-1) = \frac{-1+3}{2-1} = \frac{2}{1} = 2$

also

$-1 \xrightarrow{\overline{f}} 2$ Aha!

Die Lehrperson betont: Wenn eine solche Probe aufgeht, ist dies eine Bestätigung für den Funktionsterm von $\overline{f}$.

8.4 Anschaulicher Hintergrund

Wir haben den Begriff der Umkehrfunktion intuitiv eingeführt. Nach mathematischen Beispielen, mathematischer Definition und Anwendungen kehren wir erneut zum anschaulichen Hintergrund zurück.

8.4.1 Veranschaulichung mit Pfeilen

Beispiel 1

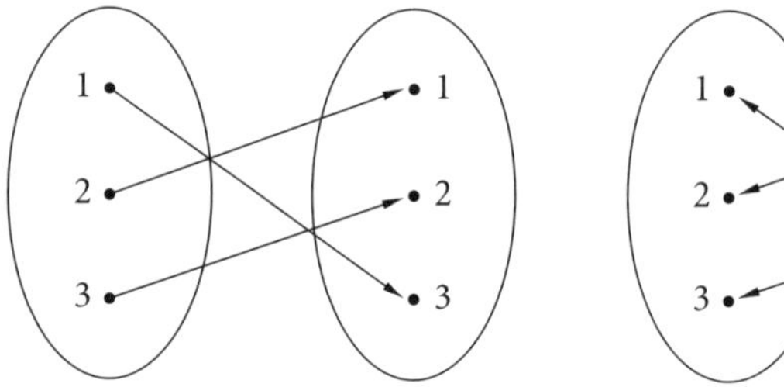

Die Zuordnung aus der linken Abbildung stellt eine umkehrbare Funktion dar. Wenn man alle Pfeile umdreht, erhält man in der rechten Abbildung ebenfalls eine Funktion – die Umkehrfunktion.

Beispiel 2

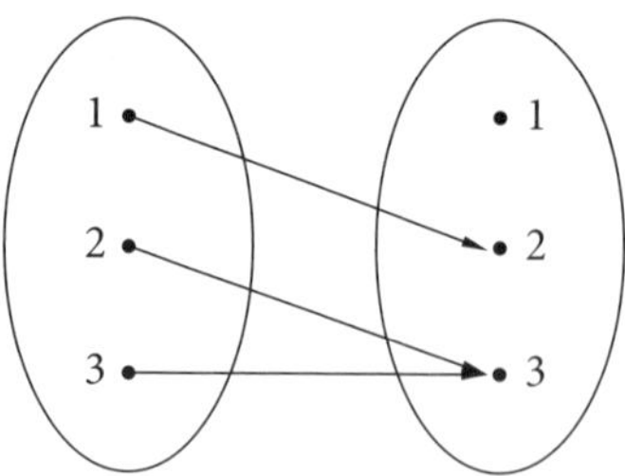

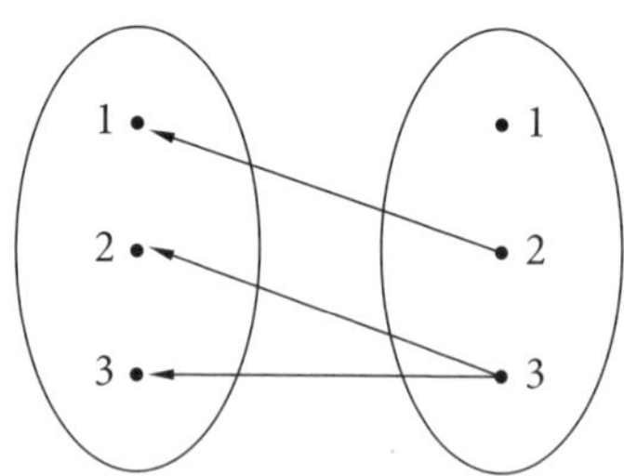

Die Zuordnung aus der linken Abbildung stellt *keine* umkehrbare Funktion dar. Begründung: Wenn man alle Pfeile umdreht, erhält man eine Zuordnung, die *keine* Funktion ist. In der rechten Abbildung würde man der Zahl 3 zwei Zahlen zuordnen (2 und 3), der Zahl 1 würde man sogar gar keine Zahl zuordnen können.

8.4.2 Veranschaulichung an Graphen

Laut Definition gilt:
Für jedes y aus W hat die Gleichung f(x) = y genau eine Lösung x in D.
Dies bedeutet:
Satz: f ist dann umkehrbar, wenn jede Parallele zur x-Achse den Graphen von f an genau einer Stelle schneidet.

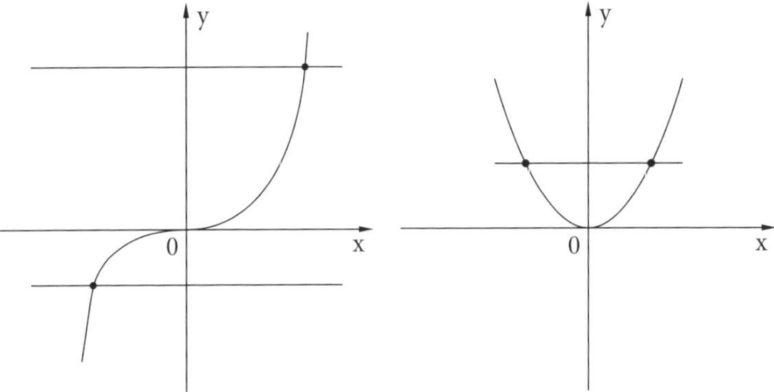

Nach diesem Kriterium gilt:
Die linke Abbildung stellt den Graphen einer umkehrbaren Funktion dar.
Die rechte Abbildung stellt den Graphen einer nicht umkehrbaren Funktion dar, wegen der zwei Schnittpunkte bei der eingezeichneten Parallele.
Vorteil: Die Lernenden erfahren, wie man die Existenz einer Umkehrfunktion anschaulich untersuchen kann.
Vorteil: Die mathematische Definition wird intuitiv erläutert und dadurch gefestigt.

8.5 Zusammenhang zwischen den Graphen einer Funktion und ihrer Umkehrfunktion

Der Zusammenhang wird durch die Klasse entdeckt.

Aufgabe 3
Ermitteln Sie die Umkehrfunktion der Funktion $f: (0, +\infty) \rightarrow \mathbb{R}$, $f(x) = \log_2(x)$.

Lösung
Man löst die Gleichung $f(x) = y$ nach x auf.
$f(x) = y$
$\log_2(x) = y$
$x = 2^y$
Damit ist die Umkehrfunktion
$\overline{f}: \mathbb{R} \rightarrow (0, +\infty)$, $\overline{f}(y) = 2^y$ oder $\overline{f}(x) = 2^x$.
Vorteil: Die Klasse erfährt einen Zusammenhang zwischen der Exponentialfunktion und der Logarithmusfunktion.
Um den Zusammenhang zwischen den Graphen von f und $\overline{f}$ zu entdecken, präsentiert die Lehrperson Zahlenbeispiele.

$$f(0{,}5) = \log_2(0{,}5) = \log_2\left(\frac{1}{2}\right) = \log_2(2^{-1}) = -1$$

$f(1) = \log_2(1) = 0$
$f(2) = \log_2(2) = 1$
$f(4) = \log_2(4) = 2$
Anders ausgedrückt:

$0{,}5 \xrightarrow{f} -1$

$1 \xrightarrow{f} 0$

$2 \xrightarrow{f} 1$

$4 \xrightarrow{f} 2$

Daraus folgt:

$-1 \xrightarrow{\overline{f}} 0{,}5$

$0 \xrightarrow{\overline{f}} 1$

$1 \xrightarrow{\overline{f}} 2$

$2 \xrightarrow{\overline{f}} 4$

Die Punkte (0,5 | –1), (1 | 0), (2 | 1), (4 | 2) liegen auf dem Graphen von f.
Die Punkte (–1 | 0,5), (0 | 1), (1 | 2), (2 | 4) liegen auf dem Graphen von $\overline{f}$.
Die Lehrperson fordert die Klasse auf, diese Punkte in ein Koordinatensystem einzutragen und anschließend zu versuchen, einen Zusammenhang zu entdecken.

Um die Symmetrie genauer formulieren zu können, wird auch die 1. Winkelhalbierende eingezeichnet.
Nun zeichnet man die Graphen von f und $\overline{f}$.

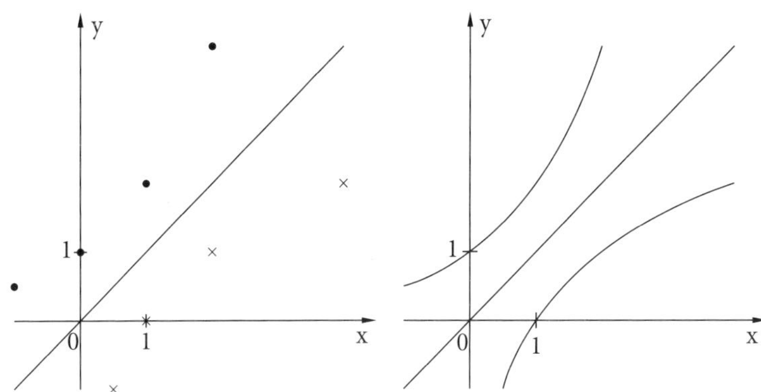

Die Lehrperson betont, dass die entdeckte Eigenschaft allgemein gilt.
Das Wichtigste wird festgehalten:
Merke: Die Graphen von f und $\overline{f}$ sind symmetrisch zur 1. Winkelhalbierenden.
Vorteil: Die Klasse hat eine wichtige Regel allein entdeckt.

Aufgabe 4
Ermitteln Sie die Umkehrfunktion von f: $[0, +\infty) \longrightarrow [0, +\infty)$,
$f(x) = x^2$.
Zeichnen Sie die Graphen von f und $\overline{f}$ im selben Koordinatensystem und deuten Sie diese.

Lösung
Umkehrfunktion:
Ansatz: Man löst die Gleichung
$f(x) = y$ nach x auf.
$f(x) = y$
$x^2 = y \quad | \sqrt{\ }$
$x = \sqrt{y}$
Damit ist die Umkehrfunktion
$\overline{f}: [0, +\infty) \longrightarrow [0, +\infty), \overline{f}(y) = \sqrt{y}$
oder $\overline{f}(x) = \sqrt{x}$

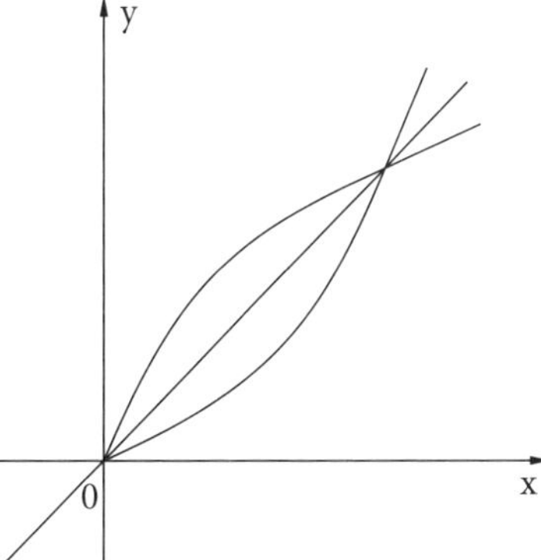

Graphen von f und $\overline{f}$

Vorteil: Die Wurzelfunktion wird als Umkehrfunktion einer quadratischen Funktion dargestellt.

Deutung:
Die Graphen von f und $\overline{f}$ sind symmetrisch zur 1. Winkelhalbierenden. Bei Aufgabe 3 hatten die Graphen keine gemeinsamen Punkte mit der 1. Winkelhalbierenden. Dieses Beispiel zeigt, dass es auch anders sein kann.
Der nächste Abschnitt setzt voraus, dass Ableitung und Monotonie bekannt sind. Er eignet sich für eine Behandlung in der Oberstufe. Es werden nur die Grundideen geschildert, ohne viele Details.

8.6 Untersuchung der Existenz einer Umkehrfunktion mit der Ableitung

Die Lehrperson greift auf den Satz aus 8.4.2 zurück:
Satz 1: f ist dann umkehrbar, wenn jede Parallele zur x-Achse den Graphen von f an genau einer Stelle schneidet.

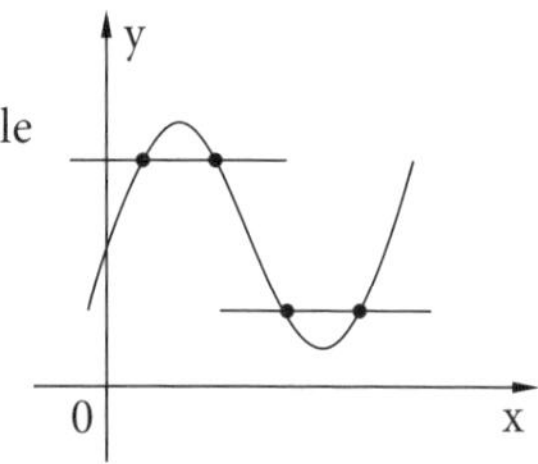

Die Lehrperson zeigt anhand einer Skizze, dass es bei nicht monotonen, stetigen Funktionen stets Parallelen zur x-Achse gibt, die den Graphen in mehr als einem Punkt schneiden. Daraus folgt:
Satz 2: Eine umkehrbare, stetige Funktion ist streng monoton, wenn die Definitionsmenge ein Intervall ist.
Der Kehrsatz gilt ebenfalls, wenn man die Wertemenge passend betrachtet.
Satz 3: Eine stetige, streng monotone Funktion ist umkehrbar.
Monotonie kann man mit der 1. Ableitung feststellen. Genauer:
Satz 4: $f'(x) > 0 \Rightarrow$ f ist streng monoton steigend.
$f'(x) < 0 \Rightarrow$ f ist streng monoton fallend.

Aufgabe 5

Untersuchen Sie, ob die folgenden Funktionen umkehrbar sind.

a) $f: \mathbb{R} \to \mathbb{R}$, $f(x) = x^5 + 7x$
b) $g: \mathbb{R} \to \mathbb{R}$, $g(x) = e^{-x} - x^3$
c) $h: \mathbb{R} \to \mathbb{R}$, $h(x) = x^8 - 8x$

Lösung

a) $f'(x) = 5x^4 + 7 > 0$ für jedes x.
Mit Satz 4 folgt: f ist streng monoton steigend in $\mathbb{R}$.
Mit Satz 3 folgt, dass f umkehrbar ist.

Um den Term der Umkehrfunktion zu ermitteln, müsste man die Gleichung f(x) = y nach x auflösen.

$f(x) = y$

$x^5 + 7x = y$

Diese Gleichung 5. Grades kann man jedoch nicht lösen. Dies bedeutet aber nicht, dass es keine Umkehrfunktion gibt! Sie existiert, aber der Funktionsterm lässt sich nicht aufschreiben.

Vorteil: Die Klasse erlebt, dass man manchmal lediglich die Existenz von mathematischen Objekten zeigen kann.

Die Lehrperson betrachtet einige Zahlenbeispiele.

Wenn y = 8, dann hat die Gleichung $x^5 + 7x = 8$ die Lösung x = 1. Also $f(1) = 8$ und $\overline{f}(8) = 1$.

$f(10) = 10^5 + 7 \cdot 10 = 100\,000 + 70 = 100\,070$. Damit ist $f(10) = 100\,070$ und $\overline{f}(100\,070) = 10$.

Vorteil: Die Klasse erlebt: Obwohl es keinen allgemeinen Funktionsterm gibt, kann man trotzdem den Wert der Umkehrfunktion an bestimmten Stellen ermitteln.

b) $g'(x) = -e^{-x} - 3x^2 = -(e^{-x} + 3x^2) < 0$ für jedes x.

Mit Satz 4 folgt: g ist streng monoton fallend in $\mathbb{R}$.

Mit Satz 3 folgt, dass g umkehrbar ist.

Um den Term der Umkehrfunktion zu ermitteln, müsste man die Gleichung g(x) = y nach x auflösen.

$g(x) = y$

$e^{-x} - x^3 = y$

Diese Gleichung kann man ebenfalls nicht lösen. Die Umkehrfunktion existiert, man kann aber den Funktionsterm nicht ermitteln.

Die Lehrperson bringt nun ein nichtmathematisches Beispiel.

Betrachten wir den Erdkern im Erdinneren. Niemand zweifelt daran, dass er existiert. Jedoch können wir ihn mit unseren Mitteln nicht sichtbar machen.

So verhält sich auch mit bestimmten Umkehrfunktionen.

c) $h'(x) = 8x^7 - 8 = 8(x^7 - 1)$

$h'(x) = 0$ hat als einzige Lösung x = 1.

Der Vorzeichentabelle kann man entnehmen:

h ist für x < 1 fallend, für x > 1 steigend. Insgesamt ist daher h nicht monoton.

Aus Satz 2 folgt, dass h nicht umkehrbar ist.

x		1	
h'(x)	–	0	+
h(x)	↘		↗

Von der Änderungsrate zum Bestand

Vorbemerkung: Der Übergang von der momentanen Änderungsrate zum Bestand ist ein „Klassiker" der Schulanalysis. Das Autorenteam lässt die Lernenden einen wichtigen Zusammenhang selbst entdecken. Nach einem Einführungsbeispiel wird das Thema anhand verschiedener Arbeitsaufträge eingeführt.

9.1 Einführungsbeispiel

Aufgabe

Eine Wasserpumpe pumpt Wasser in ein Becken. Die Pumpleistung beträgt während der gesamten Zeit $4\,m^3$ pro Minute.
Um wie viele m^3 nimmt die Wassermenge in der ersten Stunde zu?
Vorteil: Sowohl die Aufgabe als auch deren Lösung ist für die Lernenden ohne mathematische Vorkenntnisse zugänglich.
Es ist zu erwarten, dass die Antwort schnell gefunden wird: $240\,m^3$.
Die Lehrperson fragt nach, welche Rechnung dem Ergebnis zu Grunde liegt und notiert: $240 = 60 \cdot 4$.

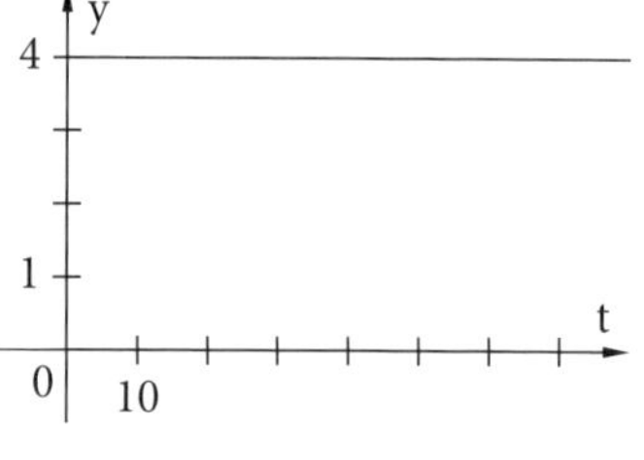

Vorteil: Durch die Darstellung als Produkt wird es leichter, das Ergebnis 240 als Flächeninhalt eines Rechtecks aufzufassen.
Die Lehrperson zeichnet die Gerade $y = 4$ in ein passendes Koordinatensystem ein und fordert die Klasse auf, $60 \cdot 4 = 240$ hier geometrisch darzustellen.
Diese Veranschaulichung wird vermutlich schnell gefunden.

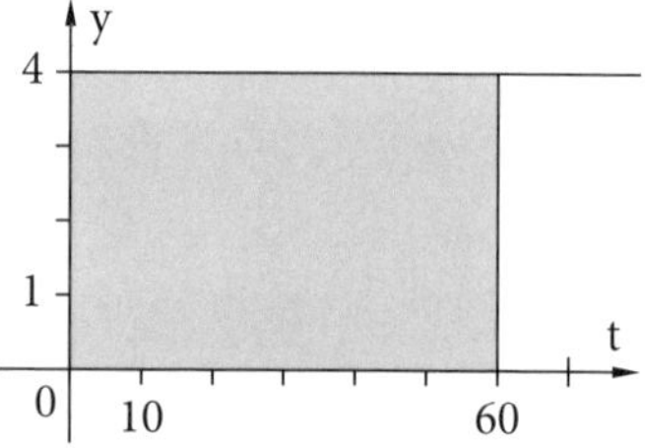

Die Lehrperson erwähnt, dass anstelle von x häufig die Variable t zum Einsatz kommt, wenn eine Abhängigkeit von der Zeit vorliegt.
Die Lehrperson stellt nun der Klasse folgende Frage:
Welchen bekannten Ansatz gibt es in der Analysis, mithilfe dessen man Flächeninhalte berechnen kann?
Antwort: Integralrechnung

Die Lehrperson fordert die Klasse auf, den schraffierten Flächeninhalt mithilfe eines Integrals zu ermitteln.

Lösung

$A = \int_0^{60} 4dt = [4t]_0^{60} = 4 \cdot 60 - 4 \cdot 0 = 240$

Vorteil: Das bekannte Ergebnis wurde durch die Integralrechnung bestätigt.
Erst jetzt thematisiert die Lehrperson Folgendes:
Die Pumpleistung $4\,m^3$ pro Minute kann man auch als **momentane Änderungsrate** der Wassermenge im Becken auffassen. Sie wird durch die konstante Funktion f beschrieben mit f(t) = 4 (t in Minuten, f(t) in m^3 pro Minute).
$240\,m^3$ ist keine Änderungsrate, sondern jene Wassermenge, die in den ersten 60 Minuten in das Becken zugeflossen ist.
Die Lehrperson teilt der Klasse mit, dass sie einen wichtigen Zusammenhang entdeckt haben und hält fest:
Merke: Das Integral aus der momentanen Änderungsrate ergibt den Bestand.
Die Lehrperson wählt mit Absicht diese kompakte Formulierung. Ihr ist bewusst, dass Ausführungen wie zum Beispiel „Beschreibt die Funktion f(t) die momentane Änderungsrate einer Größe, so wird die Änderung der Größe im Intervall [a ; b] durch das Integral $\int_a^b f(t)dt$ bestimmt." zwar genauer sind, aber als Merkregel für die Lernenden ungeeignet sind. Die Lehrperson kann eine solche Formulierung besprechen oder sogar in schriftlicher Form austeilen, aber man verlangt nicht, dass die Lernenden diese auswendig lernen.
Nun kann man darauf verweisen, dass die momentane Änderungsrate in Sachaufgaben nicht selten unter einem anderen Namen auftritt. Es ist daher sinnvoll, einige Beispiele mit der Klasse zu besprechen.

momentane Änderungsrate	**Bestand**
momentane Pumpleistung einer Wasserpumpe in Liter pro Sekunde	Wassermenge in Liter
momentane Wachstumsgeschwindigkeit eines Baumes in Meter pro Jahr	Höhe des Baumes in Meter
momentane Verkaufsrate in verkaufte Artikel pro Monat	verkaufte Artikel
Geschwindigkeit eines Autos in km/h	zurückgelegter Weg in km

Vorteil: Die neue Erkenntnis wird durch Beispiele aus dem Alltag vertieft.

Die Lehrperson kann an dieser Stelle noch die Einheiten thematisieren. Aus Liter pro Sekunde wird Liter, aus Meter pro Jahr wird Meter, aus verkauftem Artikel pro Monat wird verkaufte Artikel, aus km/h wird km.

9.2 Anwendungen

Die Lehrperson zeigt zunächst die Ausgangssituation. Anschließend werden dazu nach und nach verschiedene Arbeitsaufträge erteilt und gemeinsam gelöst.

Ausgangssituation

In einem Wassertank befinden sich zu Beobachtungsbeginn ($t = 0$) $9\,m^3$ Wasser. Durch ein Wasserrohr kann Wasser zulaufen oder ablaufen.
Die Funktion f mit $f(t) = -4t^3 + 16t,\ t \geq 0$ (t in Minuten, f(t) in m^3 pro Minute) beschreibt die momentane Änderungsrate der Wassermenge im Tank (siehe Abbildung).

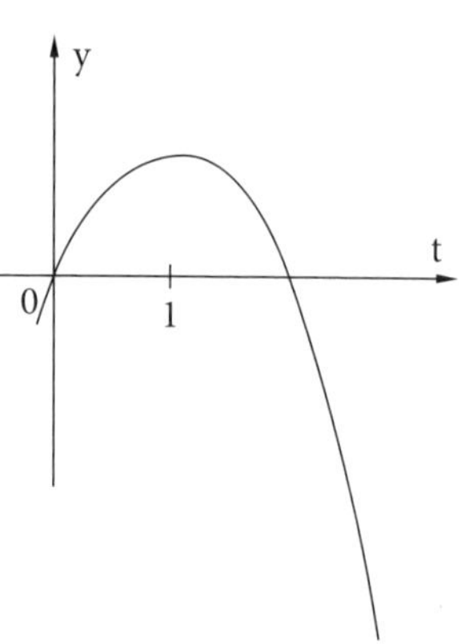

Arbeitsauftrag 1

Bestimmen Sie, welche Wassermenge sich eine Minute nach Beobachtungsbeginn im Tank befindet.

Lösung

Die Schülerinnen und Schüler sollten nach der Einführung in der Lage sein, den Ansatz selbstständig zu finden. Neu ist lediglich die Hinzunahme des Anfangsbestands von $9\,m^3$ Wasser in die Berechnung.
Beachte: Wenn der Anfangsbestand nicht null ist, dann muss man diesen berücksichtigen.

$$9 + \int_0^1 f(t)dt = 9 + [-t^4 + 8t^2]_0^1 = 9 + (-1 + 8) - 0 = 16\ (m^3)$$

Nach einer Minute befinden sich $16\,m^3$ Wasser im Tank.

Arbeitsauftrag 2

Ermitteln Sie, zu welchem Zeitpunkt sich am meisten Wasser im Tank befindet, und bestimmen Sie die maximale Wassermenge.

Lösung

Zunächst kann man die Frage aufwerfen und besprechen:
Was bedeutet eine negative momentane Änderungsrate für den Bestand?

Die Antwort wird als Merksatz notiert:

Merke: Eine negative momentane Änderungsrate führt zu einer Abnahme des Bestands.

Beachte: momentane Änderungsrate positiv ↔ Bestand nimmt zu
momentane Änderungsrate negativ ↔ Bestand nimmt ab

Mit dieser Deutung sollten die Schülerinnen und Schüler nun angeben und begründen, welcher Punkt des Funktionsgraphen den gesuchten Zeitpunkt beschreibt.

Die Wassermenge ist an der rechten Nullstelle von f maximal.

Begründung: Bis zur rechten Nullstelle von f nimmt die Wassermenge zu, da die momentane Änderungsrate bis zu dieser Nullstelle positiv ist. Nach der Nullstelle nimmt die Wassermenge ab, da die momentane Änderungsrate ab der Nullstelle negativ ist.

Nun kann die gesuchte Nullstelle berechnet werden.

$-4t^3 + 16t = 0$

$-4t(t^2 - 4) = 0$

Mit dem Satz des Nullprodukts folgt:

$t = 0$ oder $t^2 - 4 = 0$

$t_1 = 0$ (ist der Beobachtungsbeginn), $t_2 = 2$, $t_3 = -2$ (liegt nicht im Bereich)

Die gesuchte Nullstelle ist $t = 2$. Dies bedeutet:

Nach Ablauf von zwei Minuten befindet sich am meisten Wasser im Tank.

Damit kann man die maximale Wassermenge berechnen:

$$9 + \int_0^2 f(t)dt = 9 + [-t^4 + 8t^2]_0^2 = 9 + (-16 + 32) - 0 = 25\ (m^3)$$

Die maximale Wassermenge beträgt $25\,m^3$.

Arbeitsauftrag 3

Tragen Sie in die Abbildung näherungsweise jenen Zeitpunkt t^* ein, an dem die Wassermenge im Tank wieder den anfänglichen Wert annimmt. Berechnen Sie anschließend diesen Wert t^* exakt.

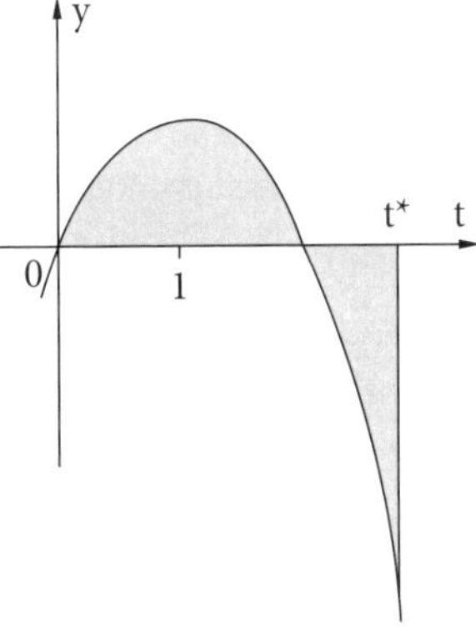

Lösung

Siehe Abbildung. Begründung:
Ursprünglich befinden sich $9\,m^3$ Wasser im Tank.
Die Wassermenge nimmt bis $t = 2$ zu (Fläche oberhalb der t-Achse), danach nimmt sie ab (Fläche unterhalb der

t-Achse). Den Wert t^* muss man so wählen, dass die zwei Flächen gleich groß sind. Die Zunahme und die Abnahme gleichen sich damit aus, womit sich erneut 9 m^3 Wasser im Tank befinden.
Zeitpunkt exakt berechnen:

Ansatz: $\int_0^{t^*} f(t)dt = 0$

$[-t^4 + 8t^2]_0^{t^*} = 0$

$-(t^*)^4 + 8(t^*)^2 = 0$

$-(t^*)^2((t^*)^2 - 8) = 0$

Mit dem Satz des Nullprodukts folgt:
$(t^*)^2 = 0$ oder $(t^*)^2 - 8 = 0$
$t_1^* = 0$ (Beobachtungsbeginn), $t_2^* = \sqrt{8}$, $t_3^* = -\sqrt{8}$ (liegt nicht im Bereich)
Der exakte Wert ist $t^* = \sqrt{8}$ (Minuten).

Arbeitsauftrag 4
Ermitteln Sie den Zeitpunkt, an dem der Tank leer ist.

Lösung

Ansatz: $\int_0^{t} f(u)du = -9$.

Begründung: nach Erreichen der anfänglichen Wassermenge muss zusätzlich der Anfangsbestand von 9 m^3 Wasser abgebaut werden, damit der Tank leer ist.

$[-u^4 + 8u^2]_0^t = -9$
$-t^4 + 8t^2 = -9$
$t^4 - 8t^2 - 9 = 0$
Es sei $t^2 = u$.
$u^2 - 8u - 9 = 0$
Diese quadratische Gleichung hat als Lösungen $u_1 = 9$ und $u_2 = -1$.
Nun kann man t ermitteln.
$t^2 = 9$ oder $t^2 = -1$
$t_1 = 3$, $t_2 = -3$ (wird verworfen) keine Lösung
Der Tank ist nach Ablauf von drei Minuten leer.
Nach der gemeinsamen Besprechung dieser Fragestellungen können die Lernenden weitere Übungsaufgaben auch allein lösen.

Zusammenhänge zwischen f, f' und F

Vorbemerkung: Die Lernenden müssen Aussagen beurteilen über eine Funktion, von der weder der Graph noch der Funktionsterm bekannt ist. Dadurch fehlt den Lernenden bei diesen Aufgaben der direkte Zugang. Stattdessen liegen ihnen Informationen über die zugehörige Ableitungsfunktion oder Stammfunktion vor. Bekannte Bedingungen für Extrempunkte, Wendepunkte, Monotonie muss man auf einer abstrakten Ebene anwenden. Das Autorenteam erläutert zunächst getrennt die Übergänge von f' zu f, von f zu f', von F zu f und von f und F. Als einheitliche Methode wird die Verwendung einer Vorzeichentabelle vorgeschlagen. In erster Linie geht es darum, zu entscheiden, ob Aussagen wahr oder falsch sind. Unentscheidbare Aussagen kommen nur vereinzelt vor. Erst zum Schluss folgen Anwendungen, bei denen mehr als zwei Funktionen vorkommen.

10.1 Von der Ableitung zur Funktion

Aufgabe 1

Die Abbildung zeigt den Graphen einer Ableitungsfunktion f'. Untersuchen Sie, ob die folgenden Aussagen richtig, falsch oder unentscheidbar sind. Begründen Sie Ihre Antwort.

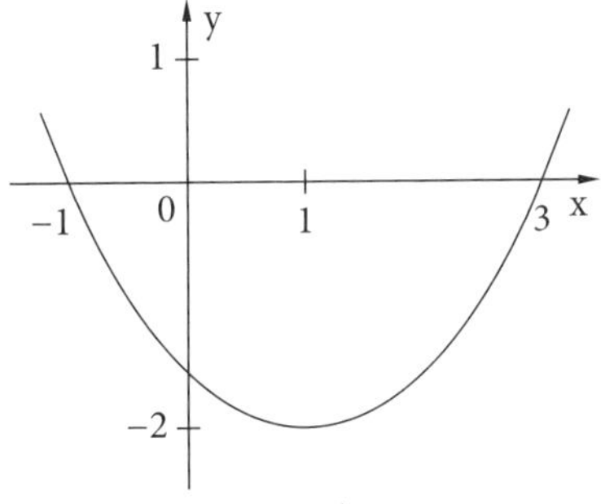

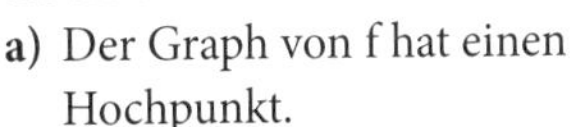

a) Der Graph von f hat einen Hochpunkt.
b) f ist monoton für $1 < x < 3{,}2$.
c) Der Graph von f hat keine Wendepunkte.
d) $f(x) < 0$ für $-1 < x < 3$.

Lösung

TIPP: Fertigen Sie zunächst eine Vorzeichentabelle an.

Die Autoren empfehlen, diese bei der ersten Aufgabe sehr ausführlich durchzuführen.

Im *1. Schritt* liest man die Nullstellen von f' ab und trägt diese in die Tabelle ein.

Im *2. Schritt* liest man die Vorzeichen von f' ab und trägt diese in die Tabelle ein.

x		**−1**	1	**3**	3,2
f'(x)	+	0	−	0	+
f(x)	↗	H	↘	T	↗

Beachte: Verläuft der Graph von f' oberhalb der x-Achse bedeutet dies ein positives Vorzeichen, unterhalb der x-Achse bedeutet ein negatives Vorzeichen.

Im *3. Schritt* folgert man auf das Monotonieverhalten von f und trägt die entsprechenden Pfeile in die Tabelle ein.

Beachte: Wenn die 1. Ableitung positiv ist, ist die Funktion steigend. Wenn die 1. Ableitung negativ ist, ist die Funktion fallend.

Im *4. Schritt* trägt man eventuelle Extrempunkte von f ein.

Vorteil: Die Tabelle bietet einen anschaulichen Ansatz. Den Verlauf des Graphen von f kann man anhand der Pfeile nachvollziehen. Bei der Begründung schreibt man häufig das hin, was man der Tabelle entnehmen kann.

a) Die Aussage ist *richtig*, Hochpunkt bei $x = -1$. Denn: $f'(-1) = 0$ und f' hat bei $x = -1$ einen Vorzeichenwechsel von plus nach minus.
Beachte: Ein Verweis auf die Tabelle reicht nicht aus. Stattdessen ist eine ausführlichere Begründung erforderlich.

b) **TIPP:** Tragen Sie zunächst die Werte 1 und 3,2 in die Tabelle mit Bleistift ein. Diese sind nur bei Punkt b) von Bedeutung.
Die Aussage ist *falsch*. Begründung: f ist fallend für $1 < x < 3$ (wegen $f'(x) < 0$) und steigend für $3 < x < 3{,}2$ (wegen $f'(x) > 0$). Insgesamt ist daher f im Bereich $1 < x < 3{,}2$ nicht monoton.

c) Für diesen Aufgabenteil braucht man folgendes Ergebnis:
Die Extremstellen von f' sind Wendestellen von f.
Einerseits kann man dies anhand der Tabelle nicht erkennen. Andererseits ist diese Folgerung den Lernenden neu. Es ist daher sinnvoll, dieses Ergebnis das erste Mal mit der Klasse zu entdecken.
Eine Möglichkeit hierfür:

W bei f	T, H bei f	T, H bei f'
⇓	⇓	⇓
$f''(x) = 0$	$f'(x) = 0$	$(f')'(x) = 0$ oder $f''(x) = 0$

TIPP: Die Extremstellen von f' sind Wendestellen von f.
Die Aussage ist *falsch*, denn es gibt eine Wendestelle bei $x = 1$. Begründung: Der Graph von f hat einen Tiefpunkt bei $x = 1$ und die Extremstellen von f' sind Wendestellen von f.

d) Hier braucht man folgendes Ergebnis:
Es ist eine Parallelverschiebung entlang der y-Achse möglich.
Einerseits kann man dies anhand der Tabelle nicht erkennen. Andererseits ist diese Folgerung den Lernenden neu. Es ist daher sinnvoll, dieses Ergebnis das erste Mal mit der Klasse zu besprechen.

Eine Möglichkeit hierfür:

$f(x) = x^2$ $\quad$ $g(x) = x^2 - 4$ $\quad$ $h(x) = x^2 + 2$

$f'(x) = 2x$ $\quad$ $g'(x) = 2x$ $\quad$ $h'(x) = 2x$

Alle drei Funktionen haben dieselbe Ableitung. Der Graph von f ist die Normalparabel, sie berührt die x-Achse im Ursprung. Der Graph von g entsteht, indem man den Graphen von f um 4 nach unten verschiebt. Diese Parabel schneidet die x-Achse an zwei Stellen. Der Graph von h entsteht, indem man den Graphen von f um 2 nach oben verschiebt. Diese Parabel schneidet die x-Achse nicht.

Merke: Die Ableitung einer Funktion ist eindeutig. Umgekehrt, wenn die Ableitung gegeben ist, ist der Funktionsterm nur bis auf eine Konstante eindeutig bestimmt. Es ist also eine Parallelverschiebung entlang der y-Achse möglich.

Die Aussage ist *unentscheidbar*, da eine Parallelverschiebung entlang der y-Achse möglich ist.

Die Lösungen der folgenden Aufgaben werden viel kürzer dargestellt. Nur neue Erkenntnisse werden ausführlich besprochen.

Aufgabe 2

Die Abbildung zeigt den Graphen einer Ableitungsfunktion f'. Untersuchen Sie, ob die folgenden Aussagen richtig, falsch oder unentscheidbar sind. Begründen Sie Ihre Antwort.

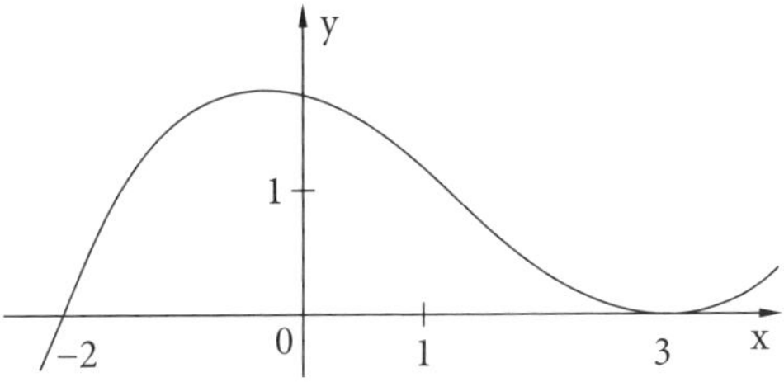

a) Der Graph von f hat einen Tiefpunkt.

b) Der Graph von f hat genau einen Wendepunkt.

c) Der Graph von f schneidet die x-Achse.

d) Der Graph von f hat höchstens zwei gemeinsame Punkte mit der x-Achse.

Hinweis: Die Aussagen beziehen sich nur auf den dargestellten Bereich.

Lösung

a) Die Aussage ist *richtig*. $f'(-2) = 0$ und f' hat einen Vorzeichenwechsel bei $x = -2$ von minus nach plus.

b) Die Aussage ist *falsch*. Der Graph von f' hat einen Hochpunkt und einen Tiefpunkt. Die Extremstellen von f' sind Wendestellen von f.

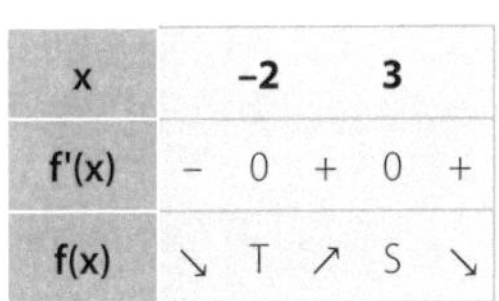

x		−2		3	
f'(x)	−	0	+	0	+
f(x)	↘	T	↗	S	↘

c) Die Aussage ist *unentscheidbar*, da eine Parallelverschiebung entlang der y-Achse möglich ist.

TIPP: In einem Monotoniebereich hat eine Funktion höchstens einen gemeinsamen Punkt mit der x-Achse.

Anmerkung: Die Lehrperson kann dies anschaulich begründen.

d) Die Aussage ist *richtig*. Für $x < -2$ ist f fallend und für $x > -2$ ist f steigend. In beiden Bereichen kann der Graph von f höchstens jeweils einen gemeinsamen Punkt mit der x-Achse haben.

An dieser Stelle kann die Lehrperson den Unterricht auflockern. Dies erfolgt durch einen Dialog zwischen einem Schüler namens Charly und der Lehrperson.

(Hinweise zur Verwendung dieses Dialogs finden Sie auf Seite 7.)

Charly: *Schnittpunkt mit der x-Achse bedeutet Nullstelle, oder?!*

Lehrerin: *Ja, genau.*

Charly: *Dann verstehe ich etwas nicht.*

Lehrerin: *Was denn?!*

Charly: *Bei Aufgabenteil c) kann man nicht entscheiden, ob f Nullstellen hat oder nicht. Bei Aufgabenteil d) hingegen sind zwei Nullstellen plötzlich richtig. Das passt nicht zusammen. Was nun?!*

Lehrerin: *Man weiß, dass f höchstens zwei Nullstellen haben kann. Die Betonung liegt auf „höchstens" und auf „kann".*

Charly: *Und was haben wir davon?*

Lehrerin: *Zum Beispiel wissen wir, dass f keine drei Nullstellen haben kann, aber eine oder zwei schon.*

Charly: *Wie viele Nullstellen hat nun f?*

Lehrerin: *Das wissen wir nicht. Aber wenn f Nullstellen hat…*

Charly: *dann hat f eine Nullstelle oder zwei Nullstellen. Jetzt habe ich es verstanden.*

Aufgabe 3

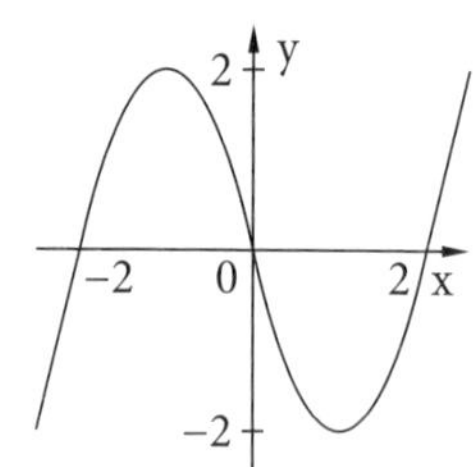

Die Abbildung zeigt den Graphen einer Ableitungsfunktion f'. Untersuchen Sie, ob die folgenden Aussagen richtig oder falsch sind. Begründen Sie Ihre Antwort.

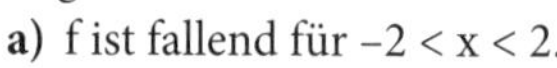

a) f ist fallend für $-2 < x < 2$.

b) Der Graph von f hat mehrere Tiefpunkte.

c) Der Graph von f hat im Ursprung einen Wendepunkt.

d) Der Graph von f ist achsensymmetrisch.

Hinweis: Die Aussagen beziehen sich nur auf den dargestellten Bereich.

Lösung

a) Die Aussage ist *falsch*. f ist für $-2 < x < 0$ steigend ($f'(x) > 0$), für $0 < x < 2$ fallend ($f'(x) < 0$).

x		−2		0		2	
f'(x)	−	0	+	0	−	0	+
f(x)	↘	T	↗	H	↘	T	↗

b) Die Aussage ist *richtig*, f hat Tiefpunkte bei $x_{1,2} = \pm 2$. $f'(-2) = 0$, $f'(2) = 0$ und f' hat einen Vorzeichenwechsel bei $x = -2$ und $x = 2$ von minus nach plus.

c) Die Aussage ist *falsch*, bei $x = 0$ liegt ein Hochpunkt vor, siehe Tabelle.

Bei d) braucht man folgendes Ergebnis:

Achsensymmetrie von f bedeutet Punktsymmetrie für f' und umgekehrt. Dies lässt sich anhand der Tabelle nicht erkennen und ist für die Lernenden neu. Es ist daher sinnvoll, dieses Ergebnis das erste Mal mit der Klasse zu besprechen.

Eine Möglichkeit hierfür:

Achsensymmetrie von f: $f(-x) = f(x)$

Beide Seiten abgeleitet: $f'(-x) \cdot (-x)' = f'(x)$ (Kettenregel)

Also: $-f'(-x) = f'(x)$

Punktsymmetrie von f': $f'(-x) = -f'(x)$

Merke: f ist achsensymmetrisch ⇔ f' ist punktsymmetrisch
f ist punktsymmetrisch ⇔ f' ist achsensymmetrisch

d) Die Aussage ist *richtig*, da f' punktsymmetrisch ist.

10.2 Von f zu f'

Aufgabe 4

Die Abbildung zeigt den Graphen einer Funktion f.

Untersuchen Sie, ob die folgenden Aussagen richtig oder falsch sind. Begründen Sie Ihre Antwort.

a) f' hat mehrere Nullstellen.

b) $f'(x) > 0$ für $x > 0$.

c) $f'(-0{,}2) > f'(0{,}1)$

d) Der Graph von f' hat einen Hochpunkt.

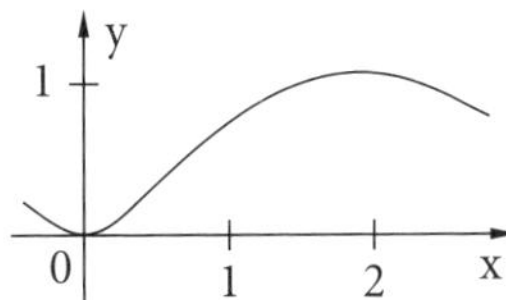

Lösung

Merke: Eine Vorzeichentabelle hat folgende Struktur:

Variable	relevante Werte
Ableitung	Nullstellen, Vorzeichen
Funktion	Monotonieverhalten, Pfeile

Vorteil: Die Klasse übt strukturiertes Denken.

Die Vorzeichentabelle wird nun so angefertigt, dass man zunächst die Funktionszeile ausfüllt: f ist fallend für $x < 0$, steigend für $0 < x < 2$ und ist erneut fallend für $x > 2$.

Im *1. Schritt* trägt man die Pfeile bei f(x) sowie die x-Werte ein.

Im *2. Schritt* trägt man die Vorzeichen und die Nullen bei f'(x) ein. Wenn f steigend ist, gilt $f'(x) > 0$, wenn f fallend ist, gilt $f'(x) < 0$.

x		0		2	
f'(x)	–	0	+	0	–
f(x)	↘	T	↗	H	↘

a) Die Aussage ist *richtig*, f' hat Nullstellen bei $x = 0$ und $x = 2$. An diesen Stellen hat der Graph von f Extrempunkte.

b) Die Aussage ist *falsch*, denn $f'(x) < 0$ für $x > 2$ (f ist hier fallend).

c) Die Aussage ist *falsch*, denn $f'(-0{,}2) < 0$ (f ist hier fallend) und $f'(0{,}1) > 0$ (f ist hier steigend).

d) Die Aussage ist *richtig*. Anschaulich: Wenn man die Punkte $(0 \mid 0)$ und $(2 \mid 0)$ im positiven Bereich verbindet, entsteht ein Hochpunkt (siehe Abbildung).

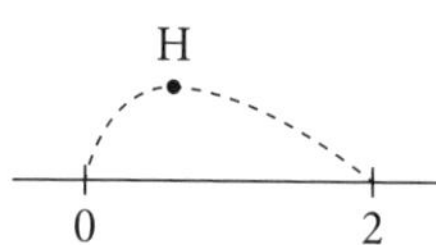

Aufgabe 5

Die Abbildung zeigt den Graphen einer Funktion f.

Untersuchen Sie, ob die folgenden Aussagen richtig oder falsch sind. Begründen Sie Ihre Antwort.

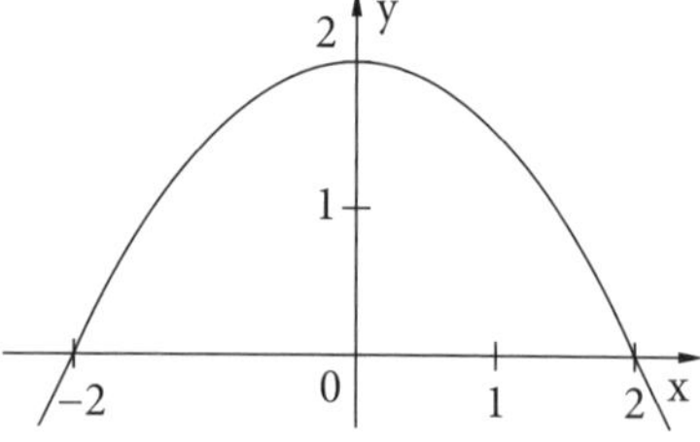

a) Der Graph von f' verläuft für $x > 0$ unterhalb der x-Achse.

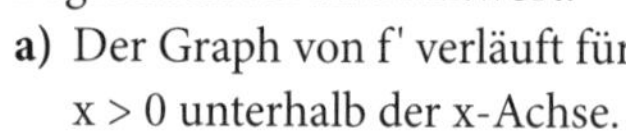

b) $f'(-2) \cdot f'(2) < 0$

c) Der Graph von f' hat zwei gemeinsame Punkte mit der x-Achse.

d) Der Graph von f' ist achsensymmetrisch.

Hinweis: Die Aussagen beziehen sich nur auf den dargestellten Bereich.

Lösung

a) Die Aussage ist *richtig*, da f'(x) < 0, weil f in diesem Bereich fallend ist.

x	0
f'(x)	+ 0 –
f(x)	↗ H ↘

b) Die Aussage ist *richtig*, da f'(–2) > 0 (f ist steigend), f'(2) < 0 (f ist fallend) und plus mal minus ist minus.

c) Die Aussage ist *falsch*. Die einzige waagerechte Tangente an den Graphen von f ist bei x = 0.

d) Die Aussage ist *falsch*. Der Graph von f' ist punktsymmetrisch, da der Graph von f achsensymmetrisch ist.

10.3 Von F zu f

Aufgabe 6

Die Abbildung zeigt den Graphen einer Stammfunktion F.
Untersuchen Sie, ob die folgenden Aussagen richtig oder falsch sind.
Begründen Sie Ihre Antwort.

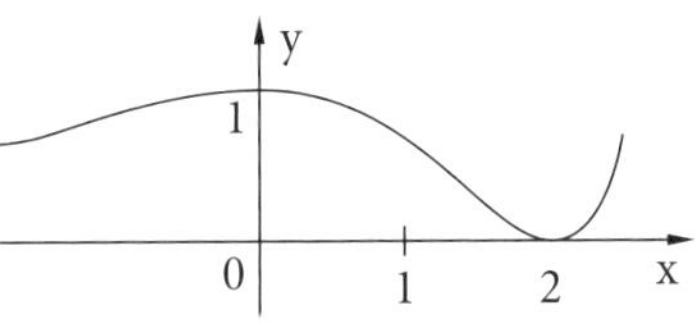

a) Der Graph von f verläuft für x > 2 oberhalb der x-Achse.

b) $\int_0^2 f(x)dx = -1$

c) f(1) > f(2,1)

Lösung

Es gilt F'(x) = f(x). In die Tabelle schreibt man beides hin. So braucht man nicht jedes Mal zu erklären, was man gerade meint: f oder F'. Ferner wird die bekannte Struktur (Variable, Ableitung, Funktion) beibehalten.

x	0 2
F'(x) = f(x)	+ 0 – 0 +
F(x)	↗ H ↘ T ↗

a) Die Aussage ist *richtig*. F ist steigend, daher ist F'(x) > 0, also f(x) > 0.

b) Die Aussage ist *richtig*:

$$\int_0^2 f(x)dx = F(2) - F(0) = 0 - 1 = -1$$

c) Die Aussage ist *falsch*, denn f(1) < 0 (F ist fallend) und f(2,1) > 0 (F ist steigend).

Aufgabe 7

Die Abbildung zeigt den Graphen einer Stammfunktion F.
Untersuchen Sie, ob die folgenden Aussagen richtig oder falsch sind.
Begründen Sie Ihre Antwort.

a) f hat genau zwei Nullstellen.

b) $f(-1) \cdot f(1) < 0$

c) Der Graph von f hat einen Tiefpunkt für $-3 < x < 0$.

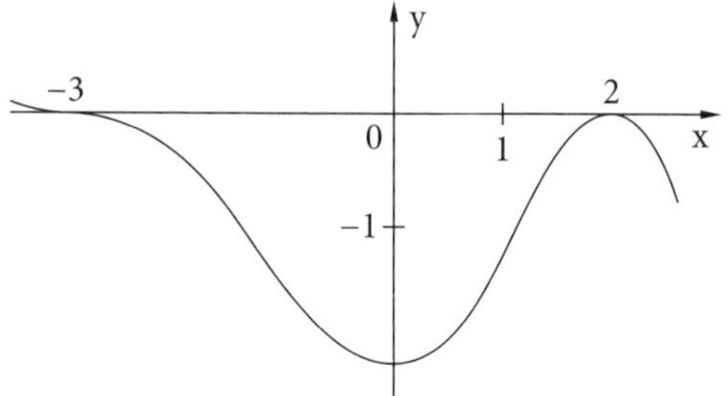

Lösung

a) Die Aussage ist *falsch*. Die Funktion f hat die Nullstellen $x = -3$ (Sattelpunkt bei F), $x = 0$ (Tiefpunkt bei F) und $x = 2$ (Hochpunkt bei F). Daher gilt: $F'(-3) = f(-3) = 0$, $F'(0) = f(0) = 0$ sowie $F'(2) = f(2) = 0$

x		−3		0		2	
F'(x) = f(x)	−	0	−	0	+	0	−
F(x)	↘	S	↘	T	↗	H	↘

b) Die Aussage ist *richtig*, denn $f(-1) < 0$ (F ist fallend) und $f(1) > 0$ (F ist steigend).

c) Die Aussage ist *richtig*. Wenn man die Punkte $(-3 \mid 0)$ und $(0 \mid 0)$ im negativen Bereich verbindet, entsteht ein Tiefpunkt.
Anschaulich:

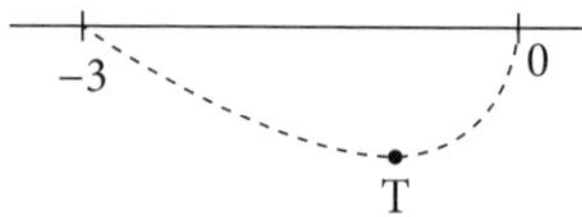

10.4 Von f zu F

Aufgabe 8

Die Abbildung zeigt den Graphen einer Funktion f.

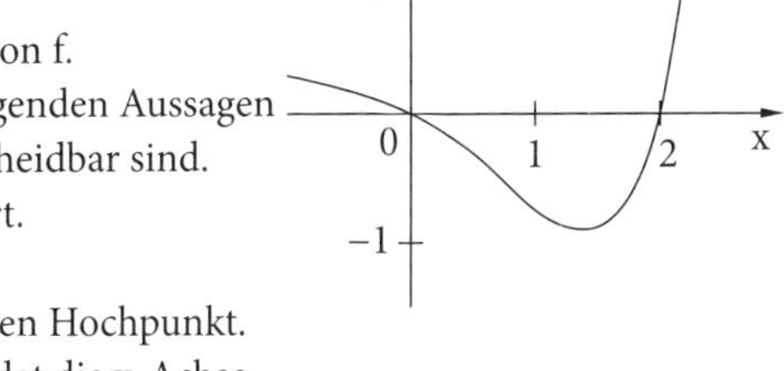

F sei eine Stammfunktion von f.

Untersuchen Sie, ob die folgenden Aussagen richtig, falsch oder unentscheidbar sind.

Begründen Sie Ihre Antwort.

a) F ist fallend für $x < 0$.

b) Der Graph von F hat einen Hochpunkt.

c) Der Graph von F schneidet die x-Achse.

d) Der Graph von F hat einen Wendepunkt.

Hinweis: Die Aussagen beziehen sich nur auf den dargestellten Bereich.

Lösung

x		0		2	
F'(x) = f(x)	+	0	−	0	+
F(x)	↗	H	↘	T	↗

Wegen $F'(x) = f(x)$ hat der angegebene Graph eine doppelte Bedeutung: Einerseits ist er der Graph von f, andererseits der Graph von F'. In die Tabelle schreibt man beides hin: $F'(x) = f(x)$. So braucht man nicht jedes Mal zu erklären, was man gerade meint: f oder F'. Ferner wird die bekannte Struktur (Variable, Ableitung, Funktion) beibehalten.

Zunächst füllt man die Zeile $F'(x) = f(x)$ aus.

Dazu liest man die Nullstellen von f sowie die Vorzeichen von f ab und trägt diese in die Tabelle ein.

a) Die Aussage ist *falsch*. Für $x < 0$ ist $f(x) > 0$, also auch $F'(x) > 0$. Daher ist F für $x < 0$ steigend.

b) Die Aussage ist *richtig*, ein Hochpunkt liegt bei $x = 0$. Es ist $F'(0) = 0$ (da $f(0) = 0$) und F' hat einen Vorzeichenwechsel bei $x = 0$ von plus nach minus.

c) Die Aussage ist *unentscheidbar*, da eine Parallelverschiebung entlang der y-Achse möglich ist.
Beachte: F ist nur bis auf eine Konstante eindeutig bestimmt.

d) Die Aussage ist *richtig*. Der Graph von f, also auch der Graph von F' hat einen Tiefpunkt.
Beachte: Die Extremstellen von f sind Wendestellen von F.

Aufgabe 9

Die Abbildung zeigt den Graphen einer Funktion f. F sei eine Stammfunktion von f. Untersuchen Sie, ob die folgenden Aussagen richtig, falsch oder unentscheidbar sind. Begründen Sie Ihre Antwort.

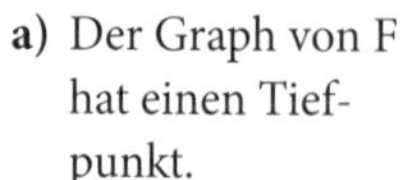

a) Der Graph von F hat einen Tiefpunkt.

b) F ist monoton für $-1 < x < 1$.

c) Der Graph von F hat vier Wendepunkte.

d) Der Graph von F hat drei gemeinsame Punkte mit der x-Achse.

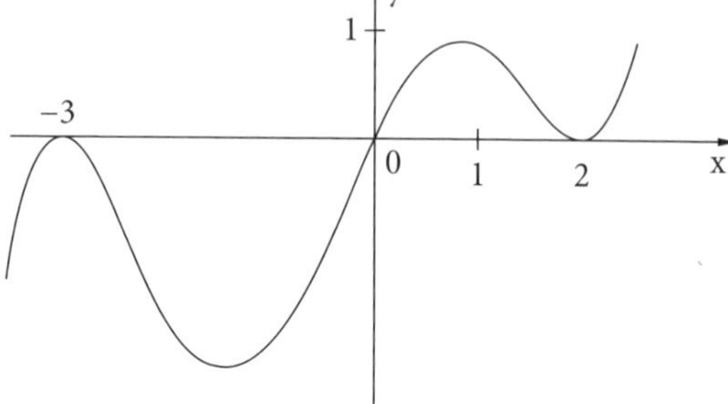

Hinweis: Die Aussagen beziehen sich nur auf den dargestellten Bereich

Lösung

a) Die Aussage ist *richtig*, ein Tiefpunkt liegt bei $x = 0$. Es ist $F'(0) = 0$ (da $f(0) = 0$) und F' hat einen Vorzeichenwechsel bei $x = 0$ von minus nach plus.

x		−3		0		2	
F'(x) = f(x)	−	0	−	0	+	0	+
F(x)	↘	S	↘	T	↗	S	↗

b) Die Aussage ist *falsch*. Für $-1 < x < 0$ ist F fallend, für $0 < x < 1$ steigend.

c) Die Aussage ist *richtig*. Der Graph von f hat vier Extrempunkte und die Extremstellen von f sind Wendestellen von F.

d) Die Aussage ist *falsch*. F hat zwei Monotoniebereiche: $x < 0$ und $x > 0$. In jedem Monotoniebereich gibt es höchstens einen gemeinsamen Punkt mit der x-Achse. Der Graph von F kann daher höchstens zwei gemeinsame Punkte mit der x-Achse haben.

10.5 Weitere Anwendungen

Aufgabe 10

1. Die Abbildung stellt zunächst den Graphen einer Stammfunktion F einer Funktion f dar.

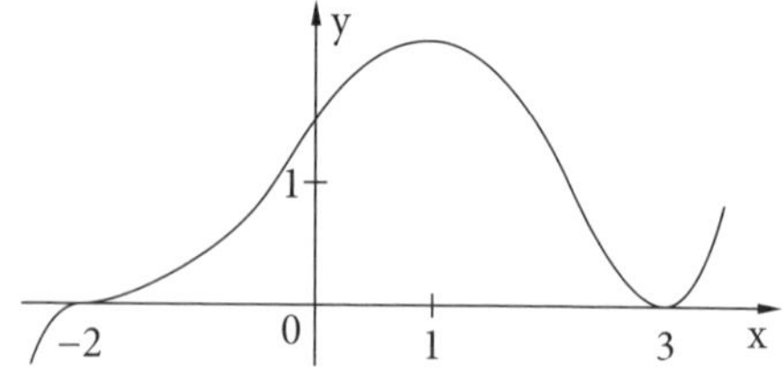

Untersuchen Sie, ob die folgenden Aussagen richtig oder falsch sind.
Begründen Sie Ihre Antwort.

a) Der Graph von f schneidet die x-Achse an zwei Stellen.

b) Der Graph von f verläuft oberhalb der x-Achse für $x > -2$.

c) $\int_{-2}^{3} f(x)dx = 0$

2. Dieselbe Abbildung stellt nun den Graphen einer Ableitungsfunktion g' dar. Untersuchen Sie, ob die folgenden Aussagen richtig oder falsch sind.
Begründen Sie Ihre Antwort.
Vorteil: Die Klasse übt vernetztes Denken.

a) Der Graph von g hat bei $x = -2$ einen Hochpunkt.

b) g ist fallend für $1 < x < 3$.

c) Der Graph von g hat einen Sattelpunkt.

Lösung

1. **a)** Die Aussage ist *falsch*. Es gibt drei Schnittpunkte mit der x-Achse: Bei $x = -2$ (S bei F), bei $x = 1$ (H bei F) und bei $x = 3$ (T bei F).

x		-2		1		3	
F'(x) = f(x)	+	0	+	0	–	0	+
F(x)	↗	S	↗	H	↘	T	↗

b) Die Aussage ist *falsch*. Für $1 < x < 3$ verläuft der Der Graph von f unterhalb der x-Achse, da F hier fallend ist.

c) Die Aussage ist *richtig*. $\int_{-2}^{3} f(x)dx = F(3) - F(-2) = 0 - 0 = 0$

2. **a)** Die Aussage ist *falsch*. Es ist $g'(-2) = 0$, aber g' hat bei $x = -2$ einen Vorzeichenwechsel von minus nach plus.

x		-2		3	
g'(x)	–	0	+	0	+
g(x)	↘	T	↗	S	↗

b) Die Aussage ist *falsch*. g ist für $1 < x < 3$ steigend, da $g'(x) > 0$.

c) Die Aussage ist *richtig*. Bei $x = 3$ hat der Graph von g einen Wendepunkt, da der Graph von g' an dieser Stelle einen Tiefpunkt hat. Außerdem gilt auch $g'(3) = 0$.

Aufgabe 11

Die Abbildungen zeigen den Graphen der Funktion f mit $f(x) = 0{,}25\,(x - 2)^2 \cdot e^x$ sowie die Graphen der Ableitungsfunktion f' und einer Stammfunktion F.

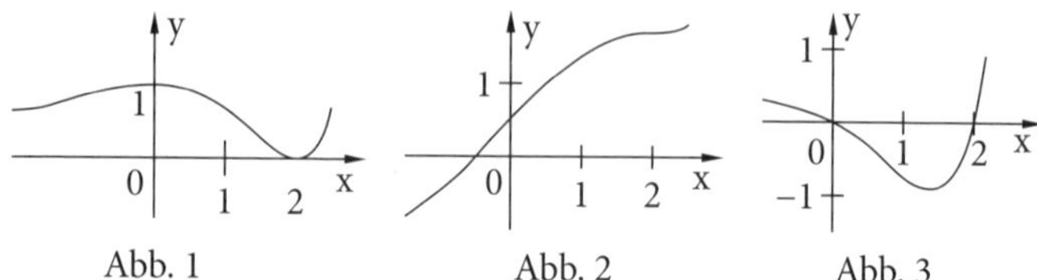

Abb. 1 Abb. 2 Abb. 3

a) Begründen Sie, dass Abb. 1 der Graph der Funktion f sein muss.

b) Untersuchen Sie, welche der zwei anderen Graphen f' bzw. F entspricht. Begründen Sie jeweils Ihre Entscheidung.

Lösung

a) Es ist f(2) = 0. Der Punkt (2 | 0) liegt auf den Graphen aus Abb. 1 und Abb. 3. Der Faktor $(x - 2)^2$ liefert eine doppelte Nullstelle und damit eine Berührung der x-Achse. Dies ist nur bei dem Graphen in Abb. 1 der Fall. Daraus folgt, dass Abb. 1 den Graphen von f darstellt.
Merke: Sinnvoll sind Kriterien mit Ausschlusscharakter.

b) Plan der Lösung: Zunächst fertigt man Vorzeichentabellen mit f' und f sowie mit F' = f und F an. Die Zuordnungen erfolgen anschließend.

x		0		2	
f'(x)	+	0	−	0	+
f(x)	↗	H	↘	T	↗

Tabelle 1

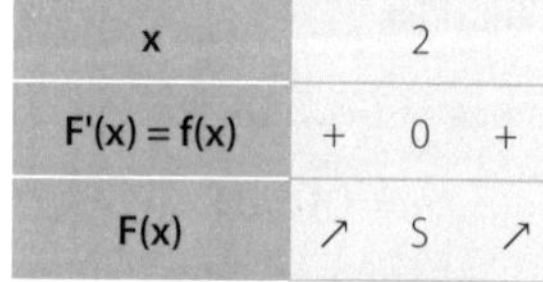

x		2	
F'(x) = f(x)	+	0	+
F(x)	↗	S	↗

Tabelle 2

Tabelle 1 kann man entnehmen: f' hat die Nullstellen bei x = 0 und x = 2. Nur der Graph aus Abb. 3 hat diese Eigenschaft. Abb. 3 stellt also f' dar.
Tabelle 2 kann man entnehmen: F ist überall monoton steigend. Nur der Graph aus Abb. 2 hat diese Eigenschaft. Abb. 2 stellt also F dar.
Anregung: Die Klasse kann zusätzliche Arbeitsaufträge erhalten:

1. Man weiß, dass Abb. 3 den Graphen von f' darstellt. Untersuchen Sie, welcher der zwei anderen Graphen f bzw. F entspricht.
2. Man weiß, dass Abb. 2 den Graphen von F darstellt. Untersuchen Sie, welcher der zwei anderen Graphen f bzw. f' entspricht.

Hinweis: Man soll die Erkenntnisse aus Aufgabe 11 zunächst ausblenden.
Vorteil: Die Klasse übt vernetztes Denken.

Aufstellen von Funktionstermen

11

Vorbemerkung: Bei dieser Aufgabenart müssen die Lernenden „rückwärtsdenken". Das Autorenteam wiederholt zunächst das „Vorwärtsdenken" bevor es in den Rückwärtsgang schaltet. Durch die Aufgaben werden viele relevante Aspekte abgedeckt. Die Lernenden erhalten sowohl aufgabenübergreifende Ansätze als auch spezifische Tipps. Das Kapitel wird durch eine Zusammenfassung abgerundet.

11.1 Einführung

Durch eine vollständige Funktionsuntersuchung werden zunächst die Bedingungen für Nullstellen, Extrempunkte und Wendepunkte wiederholt.
Bei der Lösung der folgenden Aufgabe werden die Lernenden stark einbezogen.

Aufgabe 1
Untersuchen Sie die Funktion $f(x) = x^3 - 3x^2$ auf Nullstellen, Extrempunkte und Wendepunkte. Skizzieren Sie anschließend den Graphen von f im Bereich $-1 < x < 3{,}5$.

Lösung
Nullstellen:
Bedingung: $f(x) = 0$
$x^3 - 3x^2 = 0$
$x^2(x - 3) = 0$
Aus dem Nullprodukt folgt:
$x^2 = 0$ oder $x - 3 = 0$
$x_{1,2} = 0$ $x_3 = 3$
Beachte: $x_{1,2} = 0$ ist eine sogenannte **doppelte Nullstelle**. Dies bedeutet, dass der Graph von f an der Stelle $x = 0$ die x-Achse berührt.
Ableitungen:
$f'(x) = 3x^2 - 6x$
$f''(x) = 6x - 6$
$f'''(x) = 6$
Extrempunkte:
1. *Bedingung:* $f'(x) = 0$
   $3x^2 - 6x = 0$
   $x(3x - 6) = 0$

$x = 0$ oder $3x - 6 = 0$

$x_1 = 0$ $x_2 = 2$

2. *Bedingung:* Vorzeichen von f''(x) bei den Nullstellen von f'(x)

Fall 1: $x = 0$

$f''(0) = -6 < 0 \rightarrow H(0 \mid f(0))$, also

$H(0 \mid 0)$

Fall 2: $x = 2$

$f''(2) = 6 > 0 \rightarrow T(2 \mid f(2))$, also

$T(2 \mid -4)$

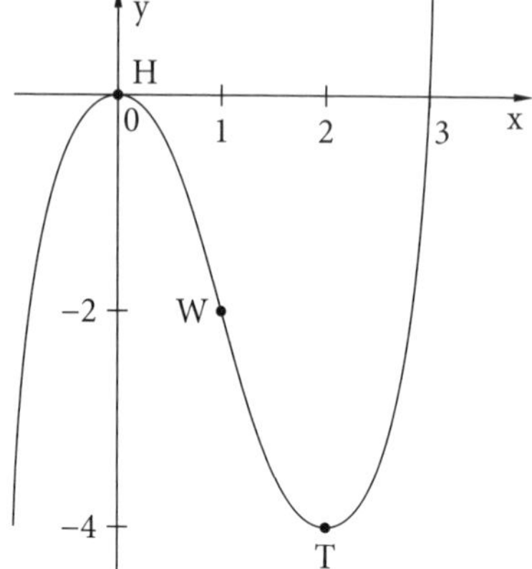

Wendepunkte:

1. *Bedingung:* $f''(x) = 0$

$6x - 6 = 0$

$x = 1$

2. *Bedingung:* $f'''(x) \neq 0$

$f'''(1) = 6 \neq 0 \rightarrow W(1 \mid f(1))$

$W(1 \mid -2)$

Die Lehrperson teilt der Klasse mit, dass sie nun den „Spieß umdrehen" werden. Und zwar: Man geht von einigen Ergebnissen aus Aufgabe 1 aus und muss den Term von f aufstellen.

Aufgabe 2

Eine ganzrationale Funktion 3. Grades hat den Hochpunkt $H(0 \mid 0)$ und den Wendepunkt $W(1 \mid -2)$. Ermitteln Sie den Funktionsterm.

Vorteil: Der Funktionsterm von f sowie der Graph von f sind durch Aufgabe 1 bekannt. Dies ermöglicht einen besseren Überblick, einen anschaulichen Hintergrund und führt zum besseren Verständnis.

Lösung

TIPP: Trenne den Text in einzelne Angaben.

- „ganzrationale Funktion 3. Grades" bedeutet: $f(x) = ax^3 + bx^2 + cx + d$. Gesucht sind die Koeffizienten a, b, c und d.
- $H(0 \mid 0)$ bedeutet:
  $f(0) = 0$ (als Punkt des Graphen)
  und
  $f'(0) = 0$ (als Extrempunkt)
- $W(1 \mid -2)$ bedeutet:
  $f(1) = -2$ (als Punkt des Graphen)
  und
  $f''(1) = 0$ (als Wendepunkt)

TIPP: Stellen Sie die Bedingungen übersichtlich zusammen!

$f(0) = 0$ (1)

$f'(0) = 0$ (2)

$f(1) = -2$ (3)

$f''(1) = 0$ (4)

TIPP: Prüfen Sie, ob die Anzahl der Gleichungen ausreicht, um eine eindeutige Lösung zu bestimmen.

In diesem Fall gibt es vier Unbekannte (a, b, c, d) und vier Gleichungen. Die Anzahl der Gleichungen passt also zum Problem.

TIPP: Bilden Sie alle Ableitungen, die in den Bedingungen vorkommen.

$f(x) = ax^3 + bx^2 + cx + d$

$f'(x) = 3ax^2 + 2bx + c$

$f''(x) = 6ax + 2b$

TIPP: Fangen Sie mit jenen Bedingungen an, bei denen $x = 0$ ist.

$f(0) = 0$

$a \cdot 0^3 + b \cdot 0^2 + c \cdot 0 + d = 0$

$d = 0$

$f'(x) = 0$

$3a \cdot 0^2 + 2b \cdot 0 + c = 0$

$c = 0$

TIPP: Setzen Sie die bereits ermittelten Werte in die Terme ein, bevor Sie mit den verbleibenden Bedingungen weiterarbeiten.

$f(x) = ax^3 + bx^2$

$f'(x) = 3ax^2 + 2bx$

$f''(x) = 6ax + 2b$

$f(1) = -2$

$a \cdot 1^3 + b \cdot 1^2 = -2$

$a + b = -2$

$f''(1) = 0$

$6a + 2b = 0 \quad | : 2$

$3a + b = 0$

TIPP: Fassen Sie die Gleichungen zusammen.

I. $a + b = -2$

II. $3a + b = 0$

$3a + b = 0 \quad | -3a$

$b = -3a$

Eingesetzt in I:

$a - 3a = -2$

$-2a = -2$

$a = 1$

$b = -3a = -3 \cdot 1 = -3$

$b = -3$

Setzt man nun alle Koeffizienten in f(x) ein, so bekommt man:

$f(x) = 1 \cdot x^3 - 3x$, also $f(x) = x^3 - 3x$

Vorteil: Der Funktionsterm aus Aufgabe 1 wurde bestätigt. Die Klasse erlebt einen Aha-Effekt.

Die nächste Aufgabe entsteht ebenfalls aus Aufgabe 1. Zum einen betrachtet man andere Angaben, zum anderen wird die Lösung kompakter gestaltet.

Aufgabe 3

Eine ganzrationale Funktion 3. Grades berührt die x-Achse im Ursprung und hat den Tiefpunkt T(2 | –4). Ermitteln Sie den Funktionsterm.

Lösung

„3. Grades" $\Rightarrow f(x) = ax^3 + bx^2 + cx + d$

„berührt die x-Achse im Ursprung" $\Rightarrow$ $f(0) = 0$

$f'(0) = 0$

T(2 | –4) $\Rightarrow$ $f(2) = -4$

$f'(2) = 0$

$f'(x) = 3ax^2 + 2bx + c$

$f(0) = 0 \Rightarrow d = 0$

$f'(0) = 0 \Rightarrow c = 0$

$f(x) = ax^3 + bx^2$

$f'(x) = 3ax^2 + 2bx$

$f(2) = -4 \Rightarrow 8a + 4b = -4 \xrightarrow{:4} 2a + b = -1$

$f'(2) = 0 \Rightarrow 12a + 4b = 0 \xrightarrow{:4} 3a + b = 0$

I. $2a + b = -1$

II. $3a + b = 0$

$3a + b = 0 \Rightarrow b = -3a$ in I.

$2a - 3a = -1 \Rightarrow -a = -1 \Rightarrow a = 1$

$b = -3a = -3 \cdot 1 = -3$

$f(x) = x^3 - 3x$

Vorteil: Der Term von f wurde erneut bestätigt. Die Klasse erlebt einen Aha-Effekt.

11.2 Weitere Aufgaben

Aufgabe 4

Eine ganzrationale Funktion 3. Grades ist punktsymmetrisch zum Ursprung und hat den Hochpunkt H(−2 | 16).
Ermitteln Sie den Funktionsterm.

Lösung

$f(x) = ax^3 + bx^2 + cx + d$

Beachte: Bei Punktsymmetrie sind alle Koeffizienten null, die vor einem x mit gerader Hochzahl stehen. *Gut zu wissen:* $d = dx^0$ und 0 ist gerade.

$b = 0$ und $d = 0$

$f(x) = ax^3 + cx$

$f'(x) = 3ax^2 + c$

$H(-2 \mid 16) \quad \Rightarrow \quad f(-2) = 16$

$\qquad\qquad\qquad\qquad f'(-2) = 0$

$f(-2) = 16$

$(-2)^3a - 2c = 16$

$-8a - 2c = 16 \quad | : (-2)$

I. $4a + c = -8$

$f'(-2) = 0$

II. $12a + c = 0$

$c = -12a \rightarrow$ in I.

$4a - 12a = -8$

$-8a = -8$

$a = 1$

$c = -12a = -12$

Antwort: $f(x) = x^3 - 12x$

Aufgabe 5

Eine ganzrationale Funktion 4. Grades ist achsensymmetrisch zur y-Achse, geht durch P(0 | −1) und hat den Hochpunkt H(1 | 1).
Ermitteln Sie den Funktionsterm.

Lösung

4. Grades $\Rightarrow f(x) = ax^4 + bx^3 + cx^2 + dx + e$

Beachte: Bei Achsensymmetrie sind alle Koeffizienten null, die vor einem x mit ungerader Hochzahl stehen. *Gut zu wissen:* $e = ex^0$ und 0 ist gerade.

$b = 0, d = 0$

$P(0 \mid -1) \quad \Rightarrow \quad f(0) = -1$

$H(1 \mid 1) \quad \Rightarrow \quad f(1) = 1$

$\qquad\qquad\qquad f'(1) = 0$

$f(0) = -1 \quad \Rightarrow \quad e = -1$

$f(x) = ax^4 + cx^2 - 1$

$f'(x) = 4ax^3 + 2cx$

$f(1) = 1$

$a + c - 1 = 1$

I. $a + c = 2$

$f'(1) = 0$

$4a + 2c = 0$

II. $2a + c = 0$

$c = -2a \rightarrow$ in I.

$a - 2a = 2$

$a = -2$

$c = -2a = 4$

Antwort: $f(x) = -2x^4 + 4x^2 - 1$

Aufgabe 6

Eine ganzrationale Funktion 3. Grades schneidet die x-Achse bei $x = 1$, hat den Wendepunkt $W(0 \mid -2)$ und die Wendetangente $y = x - 2$. Ermitteln Sie den Funktionsterm.

Lösung

$f(x) = ax^3 + bx^2 + cx + d$

schneidet die x-Achse bei $x = 1 \quad \Rightarrow \quad f(1) = 0$

$W(0 \mid -2) \quad \Rightarrow \quad f(0) = -2$

$f''(0) = 0$

TIPP: Die Wendetangente ist die Tangente im Wendepunkt.
Die Gerade $y = x - 2$ berührt den Graphen von f im Punkt $W(0 \mid -2)$.

TIPP: Die **Steigung** hat eine doppelte Bedeutung. Einerseits ist sie die Ableitung $f'(0)$, andererseits die Steigung m der Geraden $y = 1 \cdot x - 2$.

Wendetangente $y = x - 2 \qquad f'(0) = 1$

$f'(x) = 3ax^2 + 2bx + c$

$f''(x) = 6ax + 2b$

$f'(0) = 1 \quad \Rightarrow \quad c = 1$

$f(0) = -2 \quad \Rightarrow \quad d = -2$

$f''(0) = 0 \quad \Rightarrow \quad b = 0$

$f(x) = ax^3 + x - 2$

$f(1) = 0$

$a + 1 - 2 = 0$

$a = 1$

Antwort: $f(x) = x^3 + x - 2$

Aufgabe 7
Eine ganzrationale Funktion 4. Grades berührt die x-Achse im Ursprung und bei $x = 2$ und geht durch den Punkt $Q(1 \mid 2)$.
Ermitteln Sie den Funktionsterm.

Lösung
Berührung im Ursprung bedeutet, dass im Term von $f(x)$ der Faktor x^2 auftaucht, Berührung bei $x = 2$ führt entsprechend zum Faktor $(x - 2)^2$.
Die Funktion hat daher die Form
$f(x) = ax^2(x - 2)^2$.
Wegen des Punktes $Q(1 \mid 2)$ gilt:
$f(1) = 2$
$a(1 - 2)^2 = 2$
$a = 2$
Antwort: $f(x) = 2x^2(x - 2)^2$
Beachte: Der Ansatz $f(0) = 0$, $f'(0) = 0$, $f(2) = 0$, $f'(2) = 0$, $f(1) = 2$ ist ebenfalls korrekt, bedeutet aber einen längeren Rechenweg.

11.3 Zusammenfassung
Es ist nun Zeit, die wichtigsten Bedingungen zusammenzufassen. Das Autorenteam ist der Auffassung, dass sich die Lernenden diese durch Zahlenbeispiele besser merken können als durch abstrakte Formulierungen.
Auf der nächsten Seite findet man eine tabellarische Zusammenfassung der wichtigsten Bedingungen.

Angabe	Bedingung
Punkt (3 | 5) liegt auf dem Graphen	$f(3) = 5$
Hochpunkt H(2 | –4)	$f(2) = -4$ $f'(2) = 0$
Tiefpunkt T(7 | –5)	$f(7) = -5$ $f'(7) = 0$
Wendepunkt W(–1 | 8)	$f(-1) = 8$ $f''(-1) = 0$
Sattelpunkt S(3 | 1)	$f(3) = 1$ $f'(3) = 0$ $f''(3) = 0$
Berührt die x-Achse im Ursprung	$f(0) = 0$ $f'(0) = 0$
Schneidet die x-Achse bei $x = 6$	$f(6) = 0$
Punktsymmetrie bei $f(x) = ax^3 + bx^2 + cx + d$	$b = d = 0$
Achsensymmetrie bei $f(x) = ax^4 + bx^3 + cx^2 + dx + e$	$b = d = 0$
$y = 2x - 3$ berührt den Graphen bei $x = 8$	$f'(8) = 2$ $f(8) = 2 \cdot 8 - 3$
Achsensymmetrie bei $f(x) = ax^2 + bx + c$	$b = 0$
Berührt die x-Achse bei $x = -3$	$f(-3) = 0$ $f'(-3) = 0$
$y = 5x + 2$ berührt den Graphen in B(1 | f(1))	$f'(1) = 5$ $f(1) = 5 \cdot 1 + 2 = 7$

Aussagen über Funktionen bewerten

12

Vorbemerkung: Dieses Themengebiet beschäftigt sich damit, wie man Aussagen **beweisen** oder **widerlegen** kann. Dazu gehört unter anderem entdeckendes Lernen, **induktives Denken**, **systematisches Probieren**, **vernetztes Denken**, **Analogie**, **Gegenbeispiel**.
Mehrere relevante Grundideen und Ansätze der Mathematik kommen damit zur Anwendung.

12.1 Einführung

Formulierungen wie „Nehmen Sie Stellung zur folgenden Aussage" sollten beim ersten Auftreten vorbereitet und erklärt werden. Die Lehrperson wird daher zunächst mit der ganzen Klasse eine Aussage beweisen und eine andere widerlegen.

Aufgabe 1
Beweisen Sie die Aussage:
Zwischen zwei aufeinanderfolgenden Extremstellen einer ganzrationalen Funktion liegt eine Wendestelle.

Lösung
Bei dem Hochpunkt ist der Graph wie ein Regenschirm rechtsgekrümmt.
Beim Tiefpunkt ist der Graph wie bei einer Regenrinne linksgekrümmt.
Daher muss der Graph dazwischen sein Krümmungsverhalten ändern.
An dieser Stelle hat der Graph einen Wendepunkt, siehe die beiden Abbildungen.

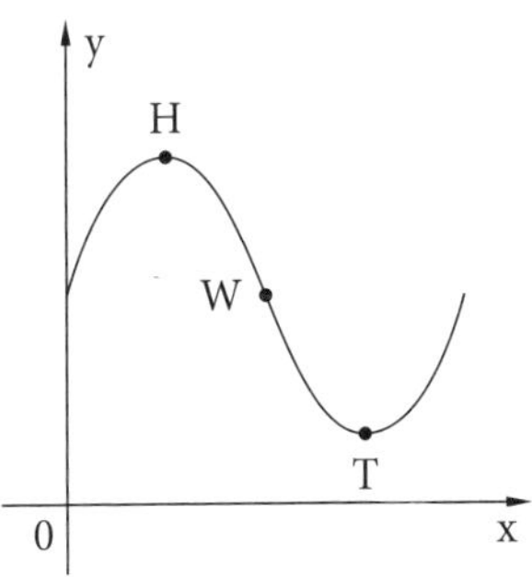

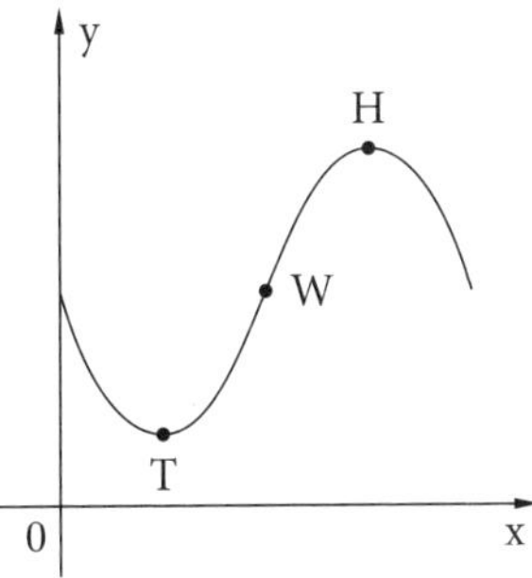

Aufgabe 2

Zeigen Sie, dass folgende Aussage nicht zutrifft:
„Wenn für eine ganzrationale Funktion f gilt $f'(0) = 0$ und $f''(0) = 0$, dann kann der Graph von f an der Stelle $x = 0$ keinen Extrempunkt haben."

Lösung

Man betrachtet ein passendes **Gegenbeispiel**.
Es sei $f(x) = x^4$ mit $f'(x) = 4x^3$ und $f''(x) = 12x^2$.
Es gilt $f'(0) = 0$ und $f''(0) = 0$.
Der Graph von f hat aber an der Stelle $x = 0$ einen Tiefpunkt.
Die Lehrperson thematisiert noch diesen Aspekt:
Für die bekannte Funktion $f(x) = x^3$ gilt ebenfalls $f'(0) = 0$ und $f''(0) = 0$.
Der Graph von f hat aber an der Stelle $x = 0$ einen Sattelpunkt, keinen Extrempunkt.

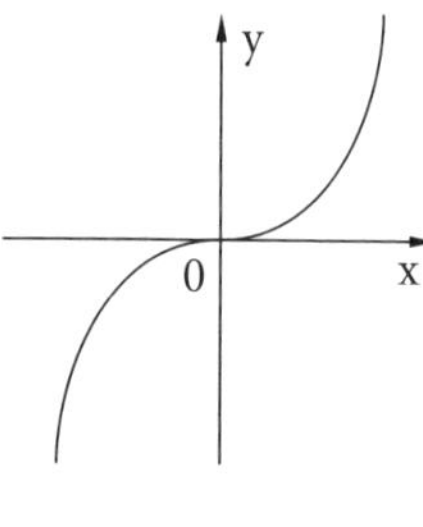

Vorteil: Die Klasse erkennt, dass für einen Extrempunkt $f''(x_0) \neq 0$ nicht erforderlich ist.
Vorteil: Die Klasse erkennt, dass $f'(x_0) = 0$ sowohl für einen Extrempunkt als auch für einen Sattelpunkt erforderlich ist. Die zusätzliche Bedingung $f''(x_0) = 0$ schafft jedoch keine Klarheit darüber, ob ein Extrempunkt oder ein Sattelpunkt vorliegt.
Vorteil: Die Klasse übt an Beispielen die Begriffe **notwendige Bedingung** und **hinreichende Bedingung**.
Nun kann die Lehrperson Folgendes thematisieren:
Es gibt Aussagen, bei denen nicht angegeben ist, ob sie richtig oder falsch sind. Stattdessen besteht der Arbeitsauftrag darin, selbst zu untersuchen, ob die Aussage zutrifft oder nicht. Es wird ferner verlangt, die Antwort zu begründen.

12.2 Weitere Aussagen über ganzrationale Funktionen

Aufgabe 3

(I) Eine ganzrationale Funktion 3. Grades hat genau eine Wendestelle.
(II) Wenn eine ganzrationale Funktion genau eine Wendestelle hat, dann ist sie 3. Grades.

Vorteil: Die Klasse erlebt, dass der Satz richtig, der Kehrsatz aber falsch sein kann.

Lösung

(I) Die Aussage ist richtig.

Beweis:

Es sei $f(x) = ax^3 + bx^2 + cx + d$ mit $a \neq 0$ (sonst wäre f nicht 3. Grades)

$f'(x) = 3ax^2 + 2bx + c$

$f''(x) = 6ax + 2b$

$f'''(x) = 6a$

Bedingung für Wendepunkte:

$f''(x) = 0$

$6ax + 2b = 0$ hat genau eine Lösung: $x_0 = -\frac{b}{3a}$ $(a \neq 0)$

$f'''(x_0) = 6a \neq 0$, da $a \neq 0$.

Damit ist bewiesen, dass die ganzrationale Funktion genau eine Wendestelle hat.

(II) Die Aussage ist falsch.

Widerlegung durch ein **Gegenbeispiel**.

Die Funktion

$f(x) = x^5$

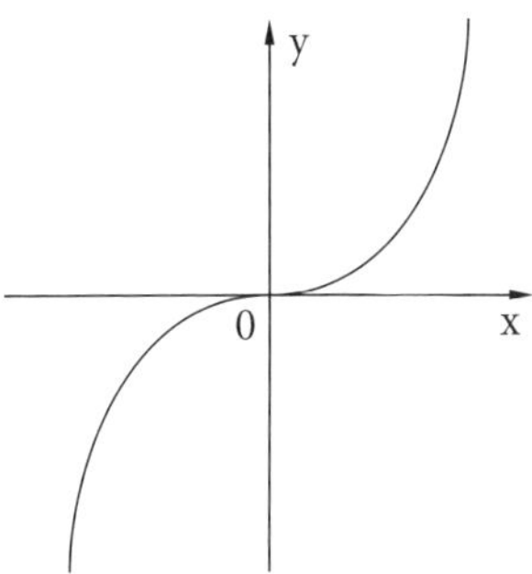

hat ebenfalls genau eine Wendestelle, ist aber 5. Grades.

Bei der nächsten Aufgabe wählt der Lehrer eine andere Formulierung.

Aufgabe 4

Nehmen Sie Stellung zu den folgenden zwei Aussagen. Begründen Sie jeweils Ihre Antwort.

p: „Wenn eine ganzrationale Funktion f genau zwei Extrempunkte hat, dann ist f 3. Grades.“

q: „Der Graph einer ganzrationalen Funktion 3. Grades kann höchstens zwei Extrempunkte haben.“

Lösung

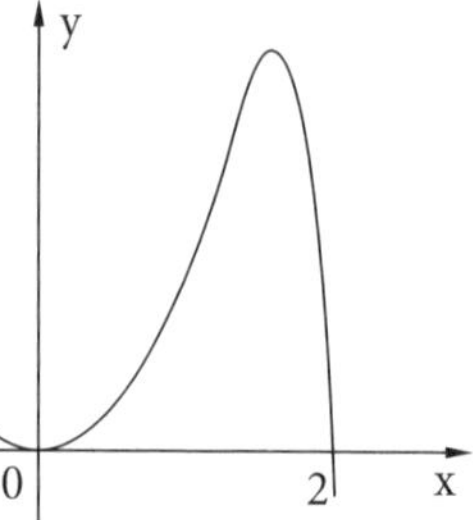

Die Aussage p ist falsch.
Widerlegung durch ein **Gegenbeispiel**.
Die Funktion $f(x) = x^4(2 - x)$ hat ebenfalls genau zwei Extrempunkte:
einen Tiefpunkt bei $x = 0$ und einen Hochpunkt bei etwa $x = 1{,}6$, ist aber nicht 3. Grades, sondern 5. Grades: $f(x) = -x^5 + 2x^4$
Vorteil: Die Klasse erlebt, was eine **mehrfache Nullstelle** bewirken kann.
Die Lehrperson bringt noch ein weiteres Beispiel:
$f(x) = x^2(2 - x)$
Diese Funktion hat ebenfalls genau zwei Extrempunkte:
einen Tiefpunkt bei $x = 0$, einen Hochpunkt und f ist 3. Grades:
$f(x) = -x^3 + 2x^2$
Die Lehrperson wirft nun die Frage auf:

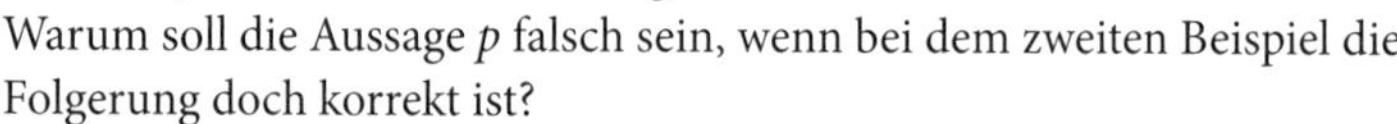

Warum soll die Aussage p falsch sein, wenn bei dem zweiten Beispiel die Folgerung doch korrekt ist?
In einem Unterrichtsgespräch klärt man ab:
Damit eine Folgerung stimmt, reicht es nicht, wenn sie ab und zu stimmt. Eine Folgerung gilt nur dann als korrekt, wenn sie in jedem Fall zutrifft.
Die Aussage q ist richtig.
Beweis:
Es sei $f(x) = ax^3 + bx^2 + cx + d$ mit $a \neq 0$ (sonst wäre f nicht 3. Grades)
$f'(x) = 3ax^2 + 2bx + c$
Bei Extrempunkten muss die erste Ableitung null sein:
$3ax^2 + 2bx + c = 0$
Eine Gleichung 2. Grades hat höchstens zwei Lösungen.
Damit ist bewiesen, dass der Graph höchstens zwei Extrempunkte haben kann.

Aufgabe 5

Entscheiden Sie, ob die folgenden zwei Aussagen jeweils richtig oder falsch sind. Begründen Sie Ihre Antwort.

(1) „Jede ganzrationale Funktion 4. Grades hat mindestens zwei Extrempunkte."

(2) „Eine ganzrationale Funktion 4. Grades hat höchstens zwei Extrempunkte."

Vorteil: Die Klasse erlebt, dass zwei verwandte Aussagen beide falsch sein können.

Lösung

(1) Die Aussage ist falsch.
Beweis:
Widerlegung durch ein Gegenbeispiel.
Die Funktion
$f(x) = x^4$
ist zwar 4. Grades, der Graph hat aber nur einen Extrempunkt (Tiefpunkt bei $x = 0$).

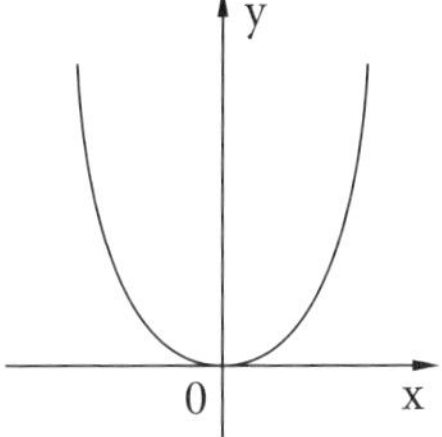

(2) Die Aussage ist ebenfalls falsch.
Die Funktion
$f(x) = 2x^2(x-2)^2$
ist 4. Grades. Der Graph hat aber zwei Tiefpunkte (bei $x = 0$ und $x = 2$) sowie einen Hochpunkt bei $x = 1$, also insgesamt drei Extrempunkte.

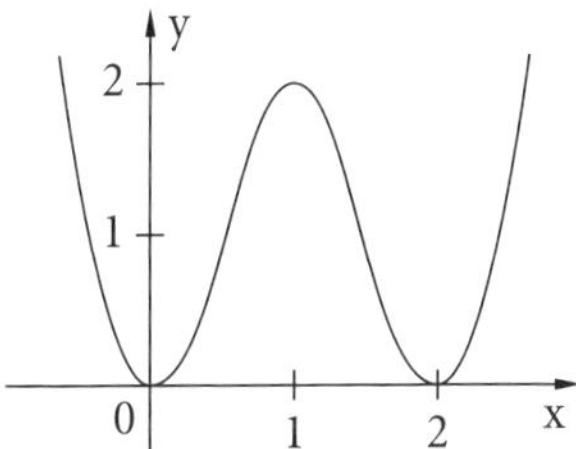

Bei einigen der folgenden Aufgaben kann die Klasse auf bisherige Beispiele zurückgreifen, allerdings in einem anderen Zusammenhang.

Aufgabe 6

Untersuchen Sie, ob die folgende Aussage richtig oder falsch ist.
Eine ganzrationale Funktion 4. Grades kann mit der x-Achse genau drei gemeinsame Punkte haben.

Lösung

Ein erster Versuch mit drei einfachen Nullstellen könnte zur falschen Schlussfolgerung führen, dass die Aussage falsch ist. Tatsächlich, in den folgenden Abbildungen ist das Verhalten der Funktion für $x \to \infty$ und $x \to -\infty$ unterschiedlich, was bei einer ganzrationalen Funktion 4. Grades nicht sein kann.

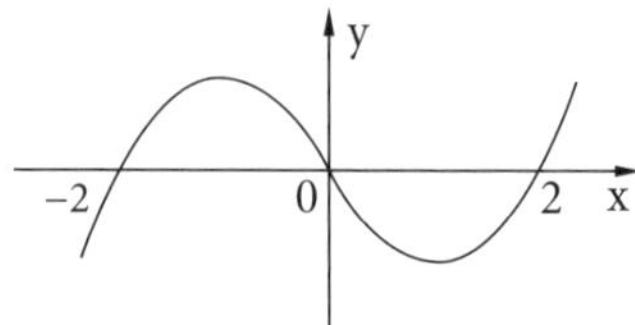

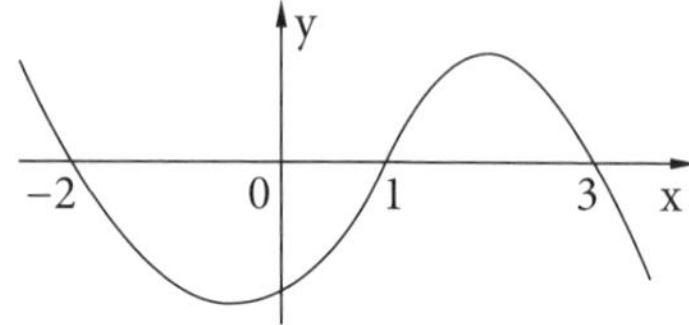

In Wirklichkeit ist die Aussage richtig. Beispiel:
$f(x) = x^2(x - 1)(x + 1)$
hat mit der x-Achse die drei gemeinsamen Punkte $(0 \mid 0)$, $(1 \mid 0)$ und $(-1 \mid 0)$
und ist 4. Grades, denn
$f(x) = x^2(x - 1)(x + 1) = x^2(x^2 - 1) = x^4 - x^2$.

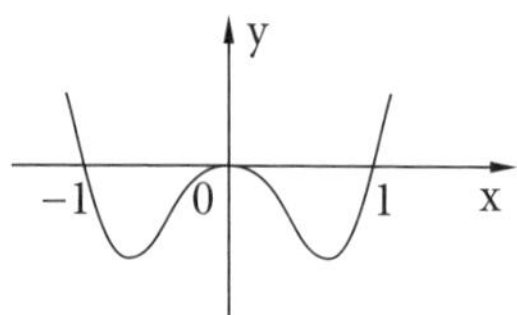

Aufgabe 7

Nehmen Sie Stellung zur folgenden Aussage. Begründen Sie Ihre Antwort.
Wenn für eine ganzrationale Funktion f gilt $f''(0) = 0$ und $f'(0) = 0$, dann hat der Graph von f an der Stelle $x = 0$ einen Sattelpunkt.

Lösung

Die Aussage ist falsch.
Widerlegung durch ein **Gegenbeispiel**:
Es sei $f(x) = x^4$.
Es gilt $f'(x) = 4x^3$ und $f''(x) = 12x^2$
sowie $f'(0) = 0$ und $f''(0) = 0$.
Der Graph von f hat aber an der Stelle $x = 0$ keinen Sattelpunkt, sondern einen Tiefpunkt.

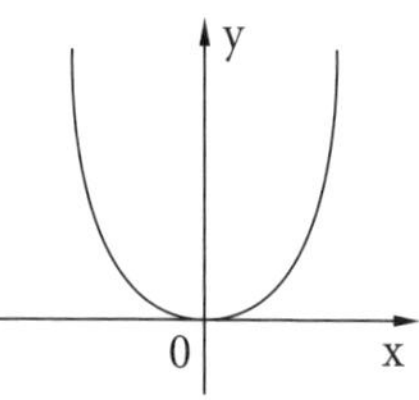

Aufgabe 8

Entscheiden Sie, ob die folgende Aussage richtig oder falsch ist. Begründen Sie Ihre Antwort.
Eine ganzrationale Funktion 3. Grades kann nicht genau einen Extrempunkt haben.

Lösung
Die Aussage ist richtig.
Beweis:
Es sei $f(x) = ax^3 + bx^2 + cx + d$ mit $a \neq 0$ (sonst wäre f nicht 3. Grades)
$f'(x) = 3ax^2 + 2bx + c$
Bei Extrempunkten muss die erste Ableitung null sein:
$3ax^2 + 2bx + c = 0 \qquad (*)$
Bei genau einem Extrempunkt hätte diese quadratische Gleichung genau eine Lösung.
Dies ist nur so möglich, dass die Gleichung (*) eine doppelte Lösung $x_{1,2} = u$ besitzt.
Dann hätte die 1. Ableitung diese Form:
$f'(x) = 3a(x - u)^2$
Der Funktionsterm selbst müsste so aussehen:
$f(x) = a(x - u)^3$
Eine Funktion dieser Form hat jedoch keinen Extrempunkt, sondern einen Sattelpunkt bei $x = u$.

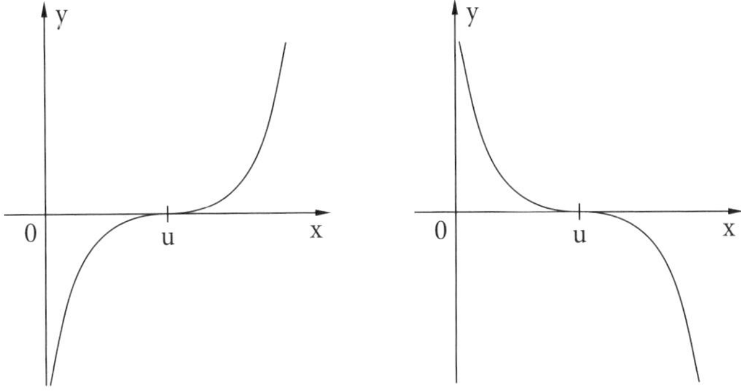

Dieser Widerspruch zeigt, dass eine ganzrationale Funktion 3. Grades unmöglich genau einen Extrempunkt haben kann. Damit ist bewiesen, dass die Aussage richtig ist.

Aufgabe 9
Nehmen Sie Stellung zu der folgenden Aussage. Begründen Sie Ihre Antwort.
Der Graph jeder ganzrationalen Funktion 3. Grades hat einen Sattelpunkt.
Vorteil: Der Klasse ist das Beispiel $f(x) = x^3$ bekannt. Es geht also darum, zu untersuchen, ob man dies für eine beliebige ganzrationale Funktion 3. Grades verallgemeinern kann.

Lösung

Die Aussage ist falsch.

Widerlegung durch ein **Gegenbeispiel**.

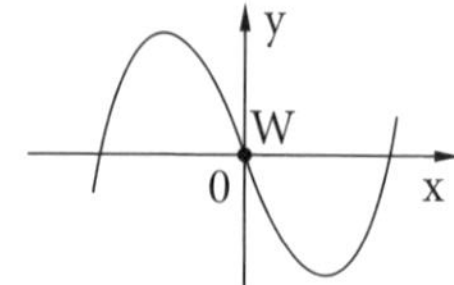

$f(x) = x^3 - x$

$f'(x) = 3x^2 - 1$

$f''(x) = 6x$

$f''(x) = 0$ liefert $x = 0$.

Aber die Bedingung

$f'(0) = 0$

ist nicht erfüllt, denn

$f'(0) = -1 \neq 0$

Der Punkt (0 | 0) ist zwar ein Wendepunkt des Graphen, aber kein Sattelpunkt.

Vorteil: Der Klasse wird der Unterschied zwischen Wendepunkt und Sattelpunkt klar.

Die Lehrperson kann von Aufgabe 3 die Aussage (I) „Jede ganzrationalen Funktion 3. Grades hat genau eine Wendestelle" aufgreifen und mit der Klasse besprechen, warum dies keinen Widerspruch zu Aufgabe 9 darstellt.

Aufgabe 10

Untersuchen Sie, ob die folgende Aussage richtig oder falsch ist.

Eine ganzrationale Funktion 5. Grades kann genau fünf Nullstellen haben.

Lösung

Die Aussage ist richtig. Beispiel für eine solche Funktion:

$f(x) = x(x - 1)(x + 1)\,(x - 2)(x + 2)$

Die Nullstellen von f sind:

$x_1 = 0$, $x_{2,3} = \pm 1$ und $x_{4,5} = \pm 2$

Außerdem ist f 5. Grades, denn

$f(x) = x(x - 1)(x + 1)\,(x - 2)(x + 2) = x(x^2 - 1)(x^2 - 4)$

$f(x) = x(x^4 - 5x^2 + 4) = x^5 - 5x^3 + 4x$

Damit ist bewiesen, dass die Aussage richtig ist.

Extremwertaufgaben

13

Vorbemerkung: Die Lehrperson bespricht sehr ausführlich zwei klassische Extremwertaufgaben anhand von je einer Musteraufgabe mit der Klasse. In diese Phase wird viel Zeit investiert. Anhand dieser Beispiele erarbeiten sich die Schülerinnen und Schüler alle notwendigen Schritte, um in der Folge selbstständig Aufgaben aus diesem Bereich lösen zu können.

13.1 Extremwertaufgaben im Zusammenhang eines Graphen

Musteraufgabe 1

Die Abbildung zeigt die Parabel $f(x) = x^2 + 5$ im Bereich $0 \leq x \leq 4$ sowie ein Rechteck PQRS. Die Punkte R und S mit $S(4 \mid 0)$ liegen auf der x-Achse, $Q(u \mid f(u))$ liegt auf der Parabel, wobei $0 \leq u \leq 4$. Die Lehrperson erteilt nicht gleich den Arbeitsauftrag „Untersuchen Sie, für welche Lage von Q der Flächeninhalt des Rechtecks maximal wird und bestimmen Sie den größtmöglichen Flächeninhalt".

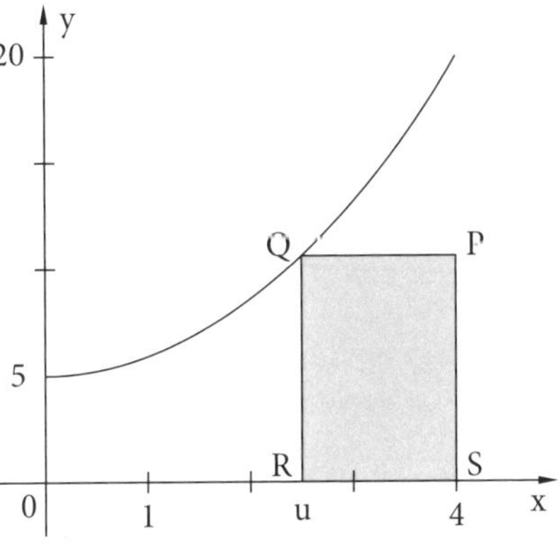

Dies erweist sich für viele Lernende als schwierig. Also bereitet man der Klasse den Boden in mehreren kleineren Schritten.

Arbeitsauftrag 1

Zeichnen Sie das Rechteck für $u = 1$ in ein neues Koordinatensystem ein und berechnen Sie den Flächeninhalt dieses Rechtecks.

Anmerkung: Den Lernenden stehen mehrere Abbildungen zur Verfügung, in denen noch keine Rechtecke eingezeichnet sind.

Die meisten Schülerinnen und Schüler sollten in der Lage sein, das Rechteck einzuzeichnen und den Flächeninhalt zu bestimmen.

Nachdem die Lernenden die Ergebnisse miteinander verglichen haben, hält die Lehrperson den Lösungsweg an der Tafel fest.

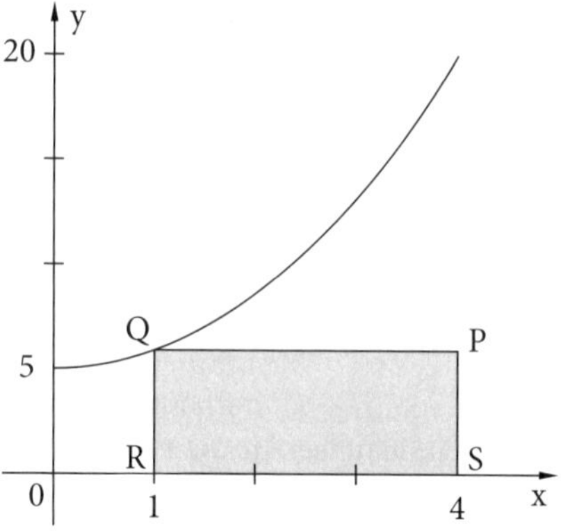

$A = \overline{RS} \cdot \overline{RQ} = (4-1) \cdot f(1) = (4-1) \cdot (1^2 + 5) = 18$

Vorteil: Dieser Rechenweg bereitet den Boden für den allgemeinen Fall.

Arbeitsauftrag 2

Zeichnen Sie das Rechteck für u = 3 in ein neues Koordinatensystem ein und berechnen Sie den Flächeninhalt dieses Rechtecks.

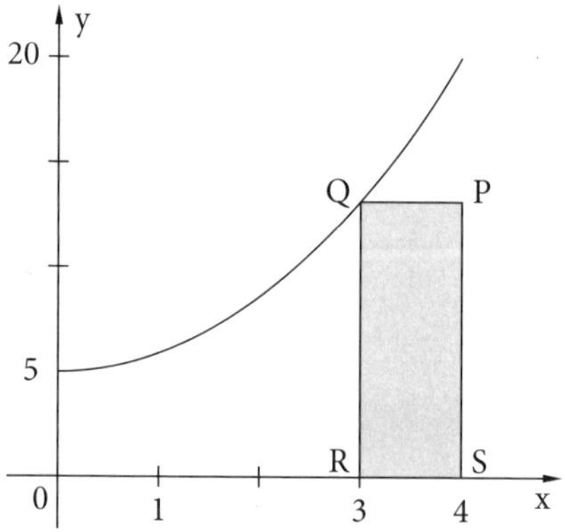

$A = \overline{RS} \cdot \overline{RQ} = (4-3) \cdot f(3) = (4-3) \cdot (3^2 + 5) = 14$

Vorteil: Die Lernenden erleben, dass man bei unterschiedlichen u-Werten nach demselben Schema vorgehen kann.

Vorteil: Die Klasse erlebt, dass unterschiedliche Werte von u zu Rechtecken führen, deren Flächeninhalte verschieden sind.

Nun ist die Zeit reif, das eigentliche Extremwertproblem zu eröffnen.

Arbeitsauftrag 3
Untersuchen Sie, für welches u der Flächeninhalt des Rechtecks maximal wird und bestimmen Sie den größtmöglichen Flächeninhalt.
Nun wird angesprochen, dass man eine derartige Fragestellung in der Mathematik **Extremwertaufgabe** nennt. Dies wird jetzt als Überschrift der Lerneinheit notiert.

Lösung
Ein psychologisch springender Punkt ist folgender: Die Lehrperson kann auf die Lösungswege der ersten zwei Arbeitsaufträge zurückgreifen. Durch Analogie kann man 1 bzw. 3 durch den Parameter u ersetzen.

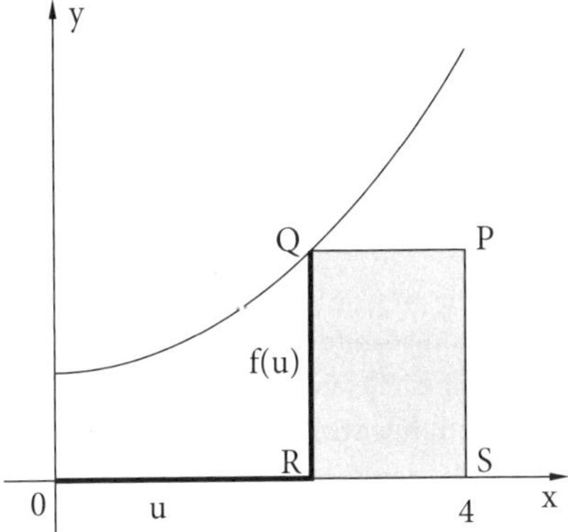

Anmerkung: An dieser Stelle zahlt sich aus, dass man bei den Arbeitsaufträgen die „Spuren nicht verwischt hat", also dass man die Terme nicht gleich berechnet hat. So kann man die Struktur der Terme übernehmen.

$$A = \overline{RS} \cdot \overline{RQ} = (4 - u) \cdot f(u) = (4 - u) \cdot (u^2 + 5) = -u^3 + 4u^2 - 5u + 20$$

Der Flächeninhalt in Abhängigkeit von u beträgt also
$A(u) = -u^3 + 4u^2 - 5u + 20$.
Die Lehrperson betont: Ein solcher Term bei einer Extremwertaufgabe heißt **Zielfunktion**. Das Herausfinden der jeweiligen Zielfunktion stellt einen anspruchsvollen Teil der Lösung dar.
Es lohnt sich, an dieser Stelle gemeinsam mit der Klasse die Funktionswerte A(1) und A(3) zu berechnen, um sie mit den eingangs berechneten Flächeninhalten für u = 1 und u = 3 vergleichen zu können:
$A(1) = -1^3 + 4 \cdot 1^2 - 5 \cdot 1 + 20 = -1 + 4 - 5 + 20 = 18$
$A(3) = -3^3 + 4 \cdot 3^2 - 5 \cdot 3 + 20 = -27 + 36 - 15 + 20 = 14$

Vorteil: Durch das Bestätigen der Ergebnisse wird bei den Lernenden die Akzeptanz für die gefundene Zielfunktion erhöht.
Die Lehrperson stellt nun der Klasse die Frage:
Was bedeutet der maximale Flächeninhalt für A(u)?
Antwort: Hochpunkt des Graphen der Zielfunktion.
Bei diesem Lösungsteil befinden sich die SchülerInnen und Schüler auf bekanntem Gebiet. Dementsprechend kann die Rechnung zügig gemeinsam entwickelt werden.
$A'(u) = -3u^2 + 8u - 5$
Die erste Ableitung muss null sein.
$A'(u) = 0$
$-3u^2 + 8u -5 = 0$
Diese quadratische Gleichung hat als Lösungen $u_1 = 1$ und $u_2 = \frac{5}{3}$. Die Lehrperson betont: Beide Werte liegen im Bereich $0 \leq u \leq 4$.
Beachte: Hätte ein Wert außerhalb des Bereichs gelegen, so hätte man ihn verwerfen müssen.
Man braucht noch eine zweite Bedingung.
$A''(u) = -6u+8$
$A''(1) = 2 > 0$
Bei u = 1 hat die Funktion A eine Minimumstelle, diese Lösung kommt also für den maximalen Flächeninhalt nicht infrage.

$A''\left(\frac{5}{3}\right) = -6 \cdot \frac{5}{3} + 8 = -10 + 8 = -2 < 0 \quad \rightarrow \quad$ Hochpunkt.

Nun berechnet man noch den Funktionswert mit dem Taschenrechner.

$A\left(\frac{5}{3}\right) = \frac{490}{27}$ und erhält somit $H\left(\frac{5}{3} \middle| \frac{490}{27}\right)$.

Der Flächeninhalt ist für $u = \frac{5}{3}$ maximal mit $A_{max} = \frac{490}{27} \approx 18{,}15$.

Für die Klasse scheint die Aufgabe gelöst zu sein. Die Lehrperson stellt nun die Frage:
Wie viel beträgt A(0,65)?
Antwort: Der Taschenrechner liefert $A(0{,}65) \approx 18{,}165375$
Interessanterweise ist dieser Wert leicht größer als 18,15. Die Lehrperson fragt die Klasse:
Wie kann es sein, dass man einen größeren Funktionswert erhält als der maximale Wert?
Vorteil: Ein Widerspruch hat einen besonderen Reiz auf die Lernenden und regt sie zum Nachdenken an.
Vielleicht kommt der Vorschlag, dass es nur ein Rundungsfehler ist, da die Abweichung so klein ist.

Die Lehrperson fordert die Klasse auf, Funktionswerte von A(u) auch durch andere u-Werte zu ermitteln. Man verweist auf $0 \leq u \leq 4$.
Anbei einige mögliche Werte:
$A(0{,}5) = 18{,}375$
$A(0{,}25) \approx 18{,}98$
$A(0{,}1) \approx 19{,}54$
$A(0) = 20$
Man skizziert nun den Graphen von A. Dies kann mithilfe einer Software oder aufgrund der berechneten Funktionswerte erfolgen.

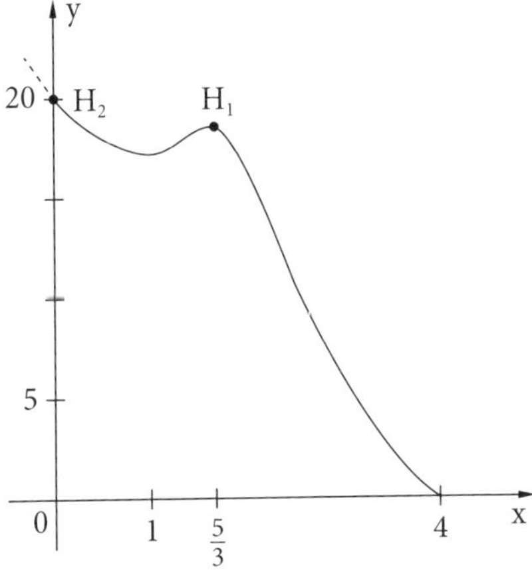

Bei $u = \frac{5}{3}$ gibt es nur ein **lokales Maximum**, bei $u = 0$ hingegen ein **globales Maximum**. Der größtmögliche Flächeninhalt ist also 20.
Der maximale Flächeninhalt tritt als **Randextremum** auf. Falls dieser Begriff noch nicht verwendet wurde, kann er jetzt eingeführt werden.
Beachte: Randextrema kann man mit der 1. Ableitung in der Regel nicht erfassen, da an diesen Stellen die 1. Ableitung normalerweise nicht null ist (die Tangenten sind nicht parallel zur x-Achse). Daher ist eine gesonderte Untersuchung der Randwerte erforderlich.
Anmerkungen:
Wenn $u = 0$ kein Randwert wäre, hätte der Graph von A keinen Hochpunkt bei $u = 0$ (siehe die gestrichelten Linien).
Es ist $A(4) = 0$. Für $u = 4$ schrumpft das Rechteck zu einer Strecke zusammen, die als Sonderfall vom Rechteck aufgefasst werden kann.
Für $u = 0$ entsteht ein „richtiges Rechteck“, das sich über den Bereich $0 \leq u \leq 4$ erstreckt. Dies kann auch eingezeichnet werden.

Die Lehrperson kann jetzt die wichtigsten Schritte der Lösung bei dieser Aufgabenart zusammenfassen.
Schritt 1: Veranschaulichung durch eine passende Abbildung.
TIPP: Zeichnen Sie geeignete Strecken der Länge u und f(u) ein.
Schritt 2: Aufstellen der Zielfunktion
TIPP: Betrachten Sie zunächst ein Zahlenbeispiel. Einige der gewonnenen Erkenntnisse können Sie auf die allgemeine Untersuchung übertragen. Führen Sie passende Bezeichnungen, Parameter ein.
Beachte: Der Definitionsbereich gehört zur Zielfunktion.
Schritt 3: Bestimmung der Extremwerte der Zielfunktion
Schritt 4: Vergleich mit den Randextrema
Das Autorenteam empfiehlt, dass die Schülerinnen und Schüler im Folgenden eigenständig mehrere vergleichbare Aufgaben lösen. Damit sind Extremwertprobleme gemeint, bei denen eine Figur dem Graphen einer Funktion einbeschrieben wird und eine ihrer Größen (Flächeninhalt, Umfang, Länge) maximal oder minimal werden soll. Solche Aufgaben finden sich in praktisch jedem Lehrbuch.
Erst im Anschluss sollte ein anderer Typ Extremwertaufgabe behandelt werden.

13.2 Extremwertaufgaben mit Nebenbedingungen

Musteraufgabe 2
Ein Schäfer möchte eine möglichst große rechteckige Fläche für seine Schafe umzäunen. Er hat eine Rolle Drahtzaun zur Verfügung, von der sich 1 000 m Zaun abrollen lassen. Ermitteln Sie die Abmessungen des Rechtecks mit maximalem Flächeninhalt und bestimmen Sie den maximalen Flächeninhalt.
Die Musteraufgabe sollte wieder gemeinsam mit den Lernenden erarbeitet werden, wobei erneut die Schritte 1 bis 4 zur Anwendung kommen. Neu ist nur die Nebenbedingung.
Schritt 1: Veranschaulichung durch eine Abbildung. Einführung von passenden Bezeichnungen.

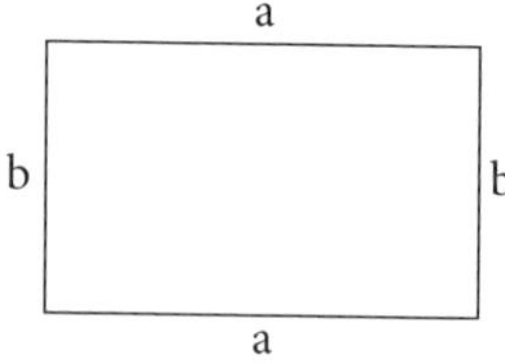

Schritt 2: Aufstellen der Zielfunktion

$A = a \cdot b$

Die Lehrperson stellt in den Raum:

Man hat zwei Variablen, a und b. Wir können aber nur Funktionen mit einer Variable ableiten. Was nun?

Falls kein sinnvoller Ansatz kommt, stellt die Lehrperson die Frage: Welche Angabe wurde noch nicht verwendet?

Antwort: Der Umfang des Rechtecks beträgt 1 000 m, also

$2a + 2b = 1\,000 \quad |:2$

$a + b = 500$

TIPP: Wenn man eine zusätzliche Angabe hat, muss man diese in Form einer Gleichung ausdrücken. Man spricht von einer **Nebenbedingung**.

Aus $a + b = 500$ folgt $a = 500 - b$.

Eingesetzt in $A = a \cdot b$ erhält man

$A = (500 - b) \cdot b = -b^2 + 500b$

$A(b) = -b^2 + 500b$ ist die **Zielfunktion**, die maximal werden soll.

Die Lehrperson wirft zunächst die Frage auf:

In welchem Bereich befindet sich die Funktionsvariable b?

Antwort: $0 \leq b \leq 500$

Schritt 3: Bestimmung der Extremwerte der Zielfunktion

$A'(b) = -2b + 500$

Die erste Ableitung muss null sein.

$A'(b) = 0$

$-2b + 500 = 0$

$2b = 500$

$b = 250$

Wegen $0 < 250 < 500$ liegt der Wert 250 im Definitionsbereich.

$A''(b) = -2 < 0$, daher liegt ein Hochpunkt vor.

$b = 250$ ist Maximumstelle.

Mithilfe der Nebenbedingung kann man a berechnen:

$a = 500 - b = 500 - 250 = 250$

Der maximale Flächeninhalt ist $A(250) = 62\,500\,m^2$.

Alternativansatz: $A = a \cdot b = 250 \cdot 250 = 62\,500\ (m^2)$.

Schritt 4: Vergleich mit den Randextrema

$A(0) = 0$ und $A(250) = 0$. Der Wert 62 500 wird nicht übertroffen. In beiden Fällen schrumpft das Rechteck zu einer Strecke zusammen.

Antwort: Der Schäfer kann den größten Flächeninhalt von $62\,500\,m^2$ mit einem Quadrat der Seitenlänge 250 m einzäunen.

Notwendige und hinreichende Bedingung

Vorbemerkung: Es handelt sich um themenübergreifende Begriffe. Jeden mathematischen Satz kann man mithilfe dieser Bedingungen ausdrücken. Notwendige und hinreichende Bedingungen ziehen sich wie ein roter Faden durch viele Lösungswege, denn jede Folgerung beruht auf diesen. Das Nichtbeherrschen dieser Bedingungen ist daher eine mögliche Fehlerquelle.

14.1 Einführung

Es folgen zunächst einige einfache Beispiele. Da sie allgemein bekannt sind, versteht man sie sofort. Bei klaren Inhalten kann man sich auf die Ausdrucksweise konzentrieren. Der Übergang zwischen Alltagssprache und Fachterminologie erfolgt in mehreren Schritten.

Beispiel 1
„Wir leben nicht, um zu essen, sondern wir essen, um zu leben."
(Spruch aus der Zeit der Römer)
Die Lernenden werden aufgefordert, den Spruch zu erläutern. Die Lehrperson sagt der Klasse, dass man denselben Gedanken auch anders ausdrücken kann. Eine Möglichkeit hierfür:
Zum Leben braucht man auch etwas Essen.
aber
Essen allein reicht zum Leben nicht aus.
Etwas Essen ist notwendig zum Leben.
aber
Essen ist nicht ausreichend zum Leben.
Essen ist eine **notwendige Bedingung** zum Leben.
aber
Essen ist keine **hinreichende Bedingung** zum Leben.
Zusammengefasst:
Essen ist eine **notwendige**, aber *keine* **hinreichende** Bedingung zum Leben.
Die ersten Formulierungen sind allgemein bekannt, die letzteren stellen eine wichtige Fachterminologie der Mathematik dar, die häufig verwendet wird.
Vorteil: Diesen Spruch versteht jeder. Die neuen Bezeichnungen werden in ein bekanntes Umfeld eingebettet.

Ein direkter Übergang vom bekannten Spruch zur Zusammenfassung wäre für viele der Lernenden zu schwierig. Daher empfiehlt das Autorenteam diese stufenweise Herangehensweise.

Beispiel 2
Wenn eine ganze Zahl auf 5 endet, ist sie teilbar durch 5.
Die Schülerinnen und Schüler sollen diese Aussage wie in Beispiel 1 nach und nach anders ausdrücken. Eine Möglichkeit hierfür:
5 als Einerziffer reicht aus, damit die Zahl durch 5 teilbar ist.
aber
Man braucht keine 5 als Einerziffer, damit die Zahl durch 5 teilbar ist.
Begründung: Die Zahlen mit der Einerziffer 0 sind ebenfalls teilbar durch 5.
Die Einerziffer 5 ist ausreichend für die Teilbarkeit durch 5.
aber
Die Einerziffer 5 ist nicht notwendig für die Teilbarkeit durch 5.
Die Einerziffer 5 ist eine **hinreichende Bedingung** für die Teilbarkeit durch 5.
aber
Die Einerziffer 5 ist *keine* **notwendige Bedingung** für die Teilbarkeit durch 5.
Zusammengefasst:
Die Einerziffer 5 ist eine **hinreichende**, aber *keine* **notwendige** Bedingung für die Teilbarkeit durch 5.
Die Lehrperson stellt noch für die Klasse klar:
Eine **notwendige** *und* **hinreichende** Bedingung für die Teilbarkeit durch 5 ist, dass die Einerziffer 5 oder 0 ist.
Vorteil: Die Klasse hat bereits zwei Beispiele untersucht. Dadurch werden Gemeinsamkeiten hervorgehoben.

14.2 Schülersprache und Mathematikersprache

Notwendige und hinreichende Bedingungen wurden mit zwei einfachen Beispielen eingeführt und ausführlich besprochen. Bei einem Wechsel zu anspruchsvolleren Beispielen haben aber trotzdem viele Lernende Schwierigkeiten, diese korrekt anzuwenden. Denn Schülerinnen und Schüler denken nicht formal, sondern haben für dasselbe Phänomen andere Schemata entwickelt, auf die sie intuitiv zurückgreifen. Daher ist es sinnvoll, zunächst diese zwei Ebenen nebeneinanderzustellen. Eine Möglichkeit hierfür:

Schülersprache	**Mathematikersprache**
Es muss sein.	notwendige Bedingung
Es würde reichen.	hinreichende Bedingung
Ohne das geht es nicht.	notwendige Bedingung
Damit hätten wir es bereits.	hinreichende Bedingung
Da führt kein Weg vorbei.	notwendige Bedingung
Damit wäre es schon erledigt.	hinreichende Bedingung
Ohne das klappt es nicht.	notwendige Bedingung
Mit dem hätten wir es schon.	hinreichende Bedingung

Vorteil: Zwischen den zwei Denkweisen wird eine Brücke gebaut.
Ansprache an die Klasse: Eine *eigene Schülersprache* ist *sinnvoll*, denn so können Sie viel besser verstehen, worum es geht. Sie ist aber je nach Person *unterschiedlich* und daher manchmal vielleicht unklar oder leicht *missverständlich.*
Die *Mathematikersprache* ist hingegen *einheitlich* und damit *für alle klar* und *eindeutig.*
Jeder *darf* in seiner eigenen *Schülersprache denken* – und Sie sollten dies auch tun. So kann Ihnen das Vorgehen leichter fallen. Bei einer Arbeit oder Prüfung müssen Sie aber am Ende alles in die einheitliche *Mathematikersprache* übersetzen und es so wiedergeben, dass alle genau verstehen, was Sie meinen.

14.3 Allgemeine Folgerungen, formale Definition

Die Zeit ist reif, notwendige und hinreichende Bedingungen auch allgemein auszudrücken. Einige der Lernenden werden mit der abstrakten Formulierungen Schwierigkeiten bekommen. Es ist daher sinnvoll, die neuen Ausdrucksweisen immer wieder an bereits bekannten Beispielen zu erläutern. Genauer: Im Zweifelsfall greift man auf ein Beispiel zurück, man schafft Klarheit und überträgt die gewonnene Erkenntnis auf den allgemeinen Fall.
Aus A folgt B.
Man sagt:
A ist eine **hinreichende Bedingung** für B.
B ist eine **notwendige Bedingung** für A.
Wenn A, dann B.
Man sagt:
A ist eine **hinreichende Bedingung** für B.
B ist eine **notwendige Bedingung** für A.

$A \Rightarrow B$
Man sagt:
A ist eine **hinreichende Bedingung** für B.
B ist eine **notwendige Bedingung** für A.
Aus der Voraussetzung folgt die Folgerung.
Man sagt:
Die Voraussetzung ist eine **hinreichende Bedingung** für die Folgerung.
Die Folgerung ist eine **notwendige Bedingung** für die Voraussetzung.
$A \Leftrightarrow B$ *bzw. A genau dann, wenn B.*
Man sagt:
A ist eine **hinreichende** und **notwendige Bedingung** für B.
Und umgekehrt:
B ist eine **hinreichende** und **notwendige Bedingung** für A.
Beachte: Jeder mathematische Satz hat die Struktur der bisherigen Formulierungen. Daher kann man jeden Satz auch mithilfe notwendiger und hinreichender Bedingung ausdrücken.
Es gibt einige wenige Ausnahmen wie zum Beispiel „Es gibt unendlich viele Primzahlen." Dieser Satz hat keine explizite Voraussetzung. Solche Ausnahmen muss man aber an dieser Stelle nicht thematisieren.

14.4 Ableitung bei Extrempunkten

Die Begriffe „notwendige Bedingung" und „hinreichende Bedingung" tauchen im Schulunterricht oft erst bei der Differenzialrechnung auf, bei der Bestimmung von Extrempunkten. Ihre Bedeutung wird aber meist nicht genauer behandelt und erklärt. Dies kann zu zusätzlichen Verständnisschwierigkeiten führen. Zum neuen Stoff kommt nämlich eine bisher unbekannte, fremde Terminologie hinzu.
Die Bedingung „Bei Extrempunkten ist die erste Ableitung null." ist zwar allgemein bekannt, stimmt aber nur unter bestimmten Voraussetzungen. Dies klären wir jetzt schrittweise ab.
Bei Extrempunkten muss die erste Ableitung null sein. (1)

Dies stimmt aber nicht ganz. Betrachten wir dafür den Graphen der Funktion $f(x) = x^2 - 2x + 1$.

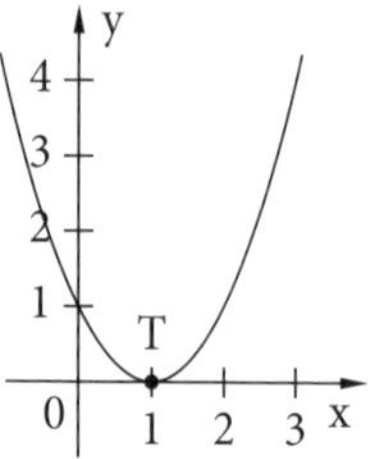

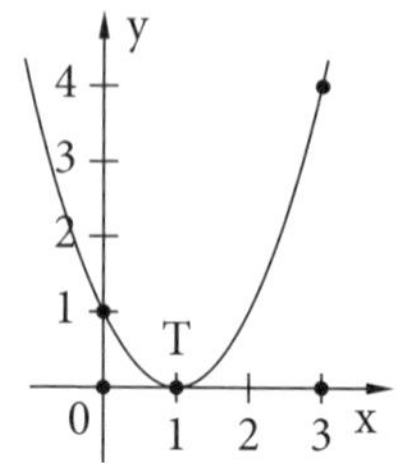

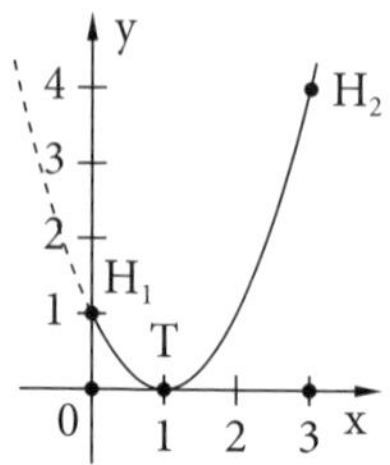

Wenn f für jede reelle Zahl definiert ist, dann hat der Graph einen Tiefpunkt bei $x = 1$.
Wenn man aber als Definitionsmenge $D = [0, 3]$ betrachtet, fängt der Graph beim Punkt $(0 \mid 1)$ an und hört beim Punkt $(3 \mid 4)$ auf. Diese Punkte stellen jeweils einen Hochpunkt des Graphen da. Sie werden aber durch die bekannte Bedingung $f'(x) = 0$ nicht erfasst. Dies liegt daran, dass an diesen Stellen die Steigung und damit die 1. Ableitung nicht null sind. Denn $f'(x) = 2x - 2$ und $f'(0) = -2 \neq 0$ sowie $f'(3) = 4 \neq 0$. Es sind **Randextrema**. Die x-Werte 0 und 3 heißen **Randwerte** der Definitionsmenge.
Anschauliche Deutung: Die Tangenten sind in diesen zwei Punkten nicht parallel zur x-Achse.
Man kann nun die Aussage (1) präzisieren:
Wenn es sich um keine Randwerte handelt, muss bei Extrempunkten die erste Ableitung null sein. (2)
Dies stimmt aber wiederum nicht ganz. Betrachten wir die Funktion $f(x) = |x - 2|$. Der Graph entsteht, indem man die Gerade $y = x - 2$ für $x - 2 < 0$ an der x-Achse spiegelt.

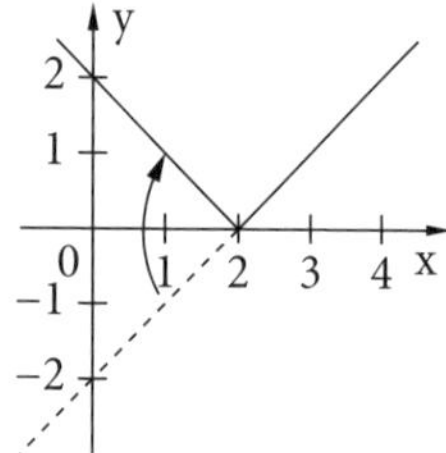

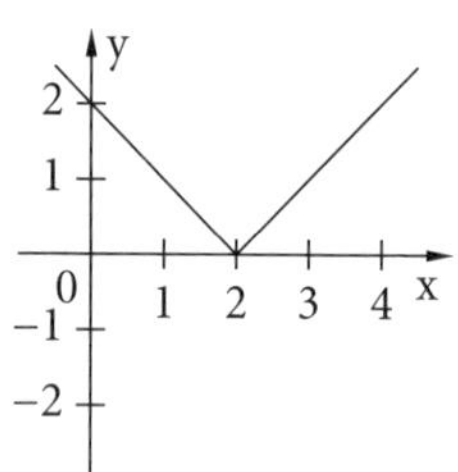

Für den Funktionsterm gilt: $f(x) = \begin{cases} x - 2 & \text{für} \quad x - 2 \geq 0 \\ -(x - 2) & \text{für} \quad x - 2 < 0 \end{cases}$

$$f(x) = \begin{cases} \mathbf{1} \cdot x - 2 & \text{für} \quad x \geq 2 \\ -\mathbf{1} \cdot x + 2 & \text{für} \quad x < 2 \end{cases}$$

Da die Steigungen der beiden Teilgeraden ungleich sind ($1 \neq -1$), ist f an der Stelle x = 2 nicht differenzierbar. Trotzdem ist T(2 | 0) ersichtlich ein Tiefpunkt des Graphen. Die Bedingung f'(2) = 0 wäre aber an dieser Stelle unmöglich und sogar sinnlos, da f'(2) gar nicht existiert!
Dieses Beispiel zeigt: Auch Funktionen, die nicht überall ableitbar sind, können Extrempunkte besitzen.
Man kann nun die Aussage (2) weiter korrigieren und präzisieren:
*Wenn f an der Stelle x_0 **differenzierbar** ist und x_0 **kein Randwert** der Definitionsmenge ist, stellt $f'(x_0) = 0$ eine **notwendige Bedingung** für einen Extrempunkt $E(x_0 \mid f(x_0))$ an der Stelle x_0 dar.*
Die letzte Formulierung ist nun vollständig und korrekt.
Die Bedingung ist jedoch nicht hinreichend. Dies zeigt das Beispiel $f(x) = x^3$. Es ist f'(0) = 0, aber der Graph hat an der Stelle x = 0 einen Sattelpunkt, keinen Extrempunkt

14.5 Differenzierbarkeit und Stetigkeit

Satz: Eine differenzierbare Funktion ist stetig.
Stetigkeit ist eine notwendige Bedingung für Differenzierbarkeit.
Differenzierbarkeit ist eine hinreichende Bedingung für Stetigkeit.
Folgerung des Satzes: Eine nicht stetige Funktion ist nicht differenzierbar.

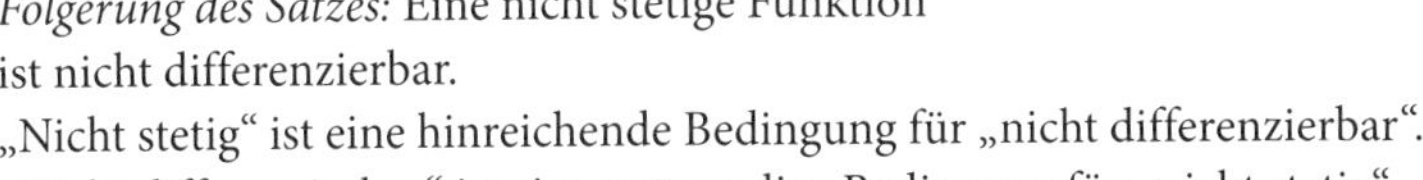

„Nicht stetig“ ist eine hinreichende Bedingung für „nicht differenzierbar“.
„Nicht differenzierbar“ ist eine notwendige Bedingung für „nicht stetig“.

Eine Aufgabe, zwei Lösungen

Untersuchen Sie die Funktion $f(x) = \begin{cases} 2x - 3, & x \leq 1 \\ x^2 \quad, & x > 1 \end{cases}$ auf Differenzierbarkeit und Stetigkeit an der Stelle $x_0 = 1$.

Daniels Lösung

Zunächst untersuche ich die Differenzierbarkeit.

$$\lim_{x \nearrow 1} \frac{f(x) - f(1)}{x - 1} = \lim_{x \nearrow 1} \frac{(2x - 3) - (2 \cdot 1 - 3)}{x - 1} = \lim_{x \nearrow 1} \frac{2x - 2}{x - 1}$$

$$= \lim_{x \nearrow 1} \frac{2(x - 1)}{x - 1} = 2$$

$$\lim_{x \searrow 1} \frac{f(x) - f(1)}{x - 1} = \lim_{x \searrow 1} \frac{x^2 - 1^2}{x - 1} = \lim_{x \searrow 1} \frac{(x - 1)(x + 1)}{x - 1} = \lim_{x \searrow 1} (x + 1)$$

$$= 1 + 1 = 2$$

Die zwei Grenzwerte sind gleich. Dies bedeutet: f ist an der Stelle $x_0 = 1$ differenzierbar mit $f'(1) = 2$. Eine differenzierbare Funktion ist stetig.

Die Funktion ist also an der Stelle $x_0 = 1$ differenzierbar und stetig.

Julias Lösung

Zunächst untersuche ich die Stetigkeit.

$$\lim_{x \nearrow 1} f(x) = \lim_{x \nearrow 1} (2x - 3) = 2 \cdot 1 - 3 = -1$$

$$\lim_{x \searrow 1} f(x) = \lim_{x \searrow 1} x^2 = 1^2 = 1$$

Die zwei Grenzwerte sind ungleich. Dies bedeutet: f ist an der Stelle $x_0 = 1$ nicht stetig. Eine nicht stetige Funktion ist auch nicht differenzierbar.

Die Funktion ist also an der Stelle $x_0 = 1$ weder differenzierbar noch stetig.

Wie ist es nun?!

Vorteil: In den Lösungen kommt sowohl der Satz als auch dessen Folgerung vor.

Vorteil: Ein Widerspruch hat einen besonderen Reiz auf die Lernenden und steigert deren Motivation.

Auflösung

In **Daniels** Lösung ist beim zweiten Grenzwert f(1) *nicht* $1^2 = 1$, sondern $2 \cdot 1 - 3 = -1$. Daniel ist auf dieser Bananenschale ausgerutscht. Korrekt ist:

$$\lim_{x \searrow 1} \frac{f(x) - f(1)}{x - 1} = \lim_{x \searrow 1} \frac{x^2 - (-1)}{x - 1} = \lim_{x \searrow 1} \frac{x^2 + 1}{x - 1} = \frac{2}{\text{"}+0\text{"}} = +\infty$$

Damit ist f an der Stelle $x_0 = 1$ nicht differenzierbar.

Julias Lösung ist korrekt.

Vektorielle Geradengleichung

15

Vorbemerkungen: Die vektorielle Darstellung von Geradengleichungen erfordert von vielen Lernenden eine gewaltige Umstellung, da sie jahrelang nur mit der Form y = mx + c gearbeitet haben. Daher ist es wichtig, nicht gleich „mit der Tür ins Haus zu fallen“, sondern zuerst mit einem Beispiel aus dem Alltag zu schildern, wie solche Gleichungen entstehen können und warum sie sinnvoll sind.

15.1 Einführungsbeispiel

Otto wollte mit dem Fahrrad zu Claudia fahren. Er hat eine Abkürzung genommen und hat sich dabei verfahren. Inzwischen ist es dunkel geworden. Otto sieht die Lichter der Ortschaften A und B und weiß, dass Claudia dazwischen wohnt, etwa in der Mitte. Einen direkten Weg gibt es aber nicht. Wie kommt nun Otto zu Claudia?

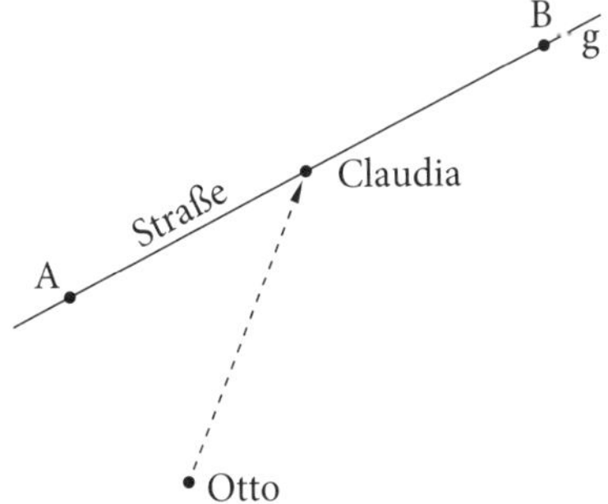

Otto hat folgenden Plan:
„Zuerst fahre ich nach B, dort biege ich auf der Hauptstraße nach links in Richtung A ein. So kann ich am einfachsten von hier aus zu Claudia fahren.“

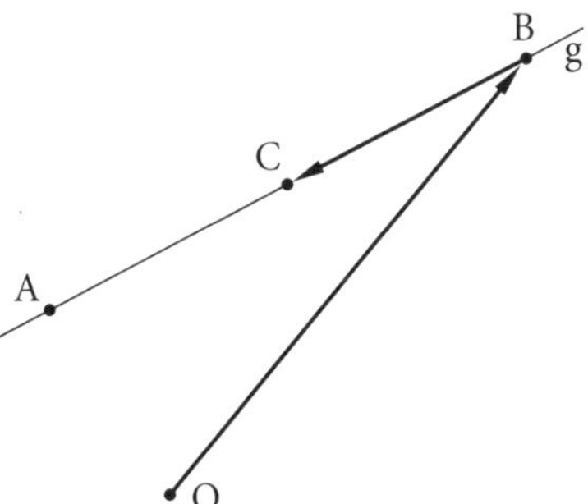

Bevor er losfährt, fragt er zur Sicherheit noch einen Spaziergänger, ob sein Plan korrekt ist. Dieser erwidert:

„Du kannst zwar so fahren, es wäre aber ein kleiner Umweg. Stattdessen ist es besser, wenn du zuerst nach A fährst und dort auf der Hauptstraße nach rechts abbiegst."

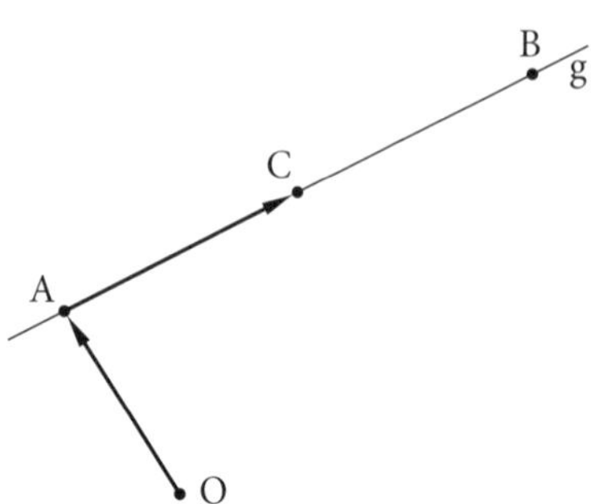

Vorteil: Stützvektor und Richtungsvektor werden an einem anschaulichen Beispiel dargestellt. Diese Begriffe sind der Klasse intuitiv schon jetzt klar.

15.2 Vektorielle Geradengleichung

Mithilfe dieses Beispiels aus dem Alltag kann nun die Lehrperson die Gleichung einer Geraden einführen, die durch die Punkte A und B bestimmt ist. Dabei werden auch die Begriffe „Stützvektor" und „Richtungsvektor" erläutert.

Eine Gleichung der Geraden g durch A und B lautet:

$$g: \vec{x} = \overrightarrow{OA} + t \cdot \overrightarrow{AB}$$

Der Vektor $\overrightarrow{OA}$ heißt dabei **Stützvektor**, der Vektor $\overrightarrow{AB}$ **Richtungsvektor**.

Bemerkungen:

1. $g: \vec{x} = \overrightarrow{OB} + t \cdot \overrightarrow{BA}$ stellt eine andere mögliche Gleichung für die Gerade g dar. Diesmal ist $\overrightarrow{OB}$ Stützvektor und $\overrightarrow{BA}$ Richtungsvektor.
2. Es reicht, eine der zwei Gleichungen aufzustellen.

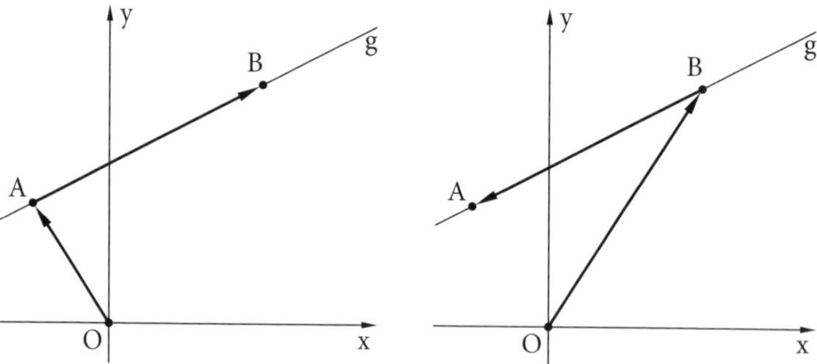

Die Rolle des Parameters kann man zunächst anhand von zwei Sonderfällen ansprechen.

Der Parameterwert $t = 0$ ergibt $\vec{x} = \overrightarrow{OA} + 0 \cdot \overrightarrow{AB} = \overrightarrow{OA} + \vec{0} = \overrightarrow{OA}$.
Man erhält den Ortsvektor des Punktes A, $t = 0$ beschreibt also den Punkt A.
Der Parameterwert $t = 1$ ergibt $\vec{x} = \overrightarrow{OA} + 1 \cdot \overrightarrow{AB} = \overrightarrow{OA} + \overrightarrow{AB} = \overrightarrow{OB}$.
Man erhält den Ortsvektor des Punktes B, $t = 1$ beschreibt also den Punkt B.
Vorteil: Die Klasse sieht an diesen Beispielen, wie das Einsetzen eines t-Werts einen Punkt der Geraden ergibt.
Allgemein gilt: Jeder Wert des Parameters beschreibt genau einen Punkt der Geraden.
Die folgende Aufgabe vertieft den obigen Aspekt. Man arbeitet zunächst nur anschaulich, ohne Zahlangaben.

Aufgabe 1
Welche Punkte ergeben sich für $t = 2$ und für $t = -1$? Zeichnen Sie diese Punkte in die vorherige linke Abbildung ein.

Lösung
Der Parameterwert $t = 2$ ergibt $\vec{x} = \overrightarrow{OA} + 2 \cdot \overrightarrow{AB} = \overrightarrow{OD}$, wobei der Punkt D doppelt so weit von A entfernt liegt wie der Punkt B (folgende linke Abbildung).
Der Parameterwert $t = -1$ ergibt $\vec{x} = \overrightarrow{OA} - \overrightarrow{AB} = \overrightarrow{OB^*}$, wobei der Punkt B* die Spiegelung des Punktes B am Punkt A darstellt (folgende rechte Abbildung).
Insgesamt ergeben sich damit folgende Zuordnungen:
$t = 0 \rightarrow A$, $t = 1 \rightarrow B$, $t = 2 \rightarrow D$ und $t = -1 \rightarrow B^*$

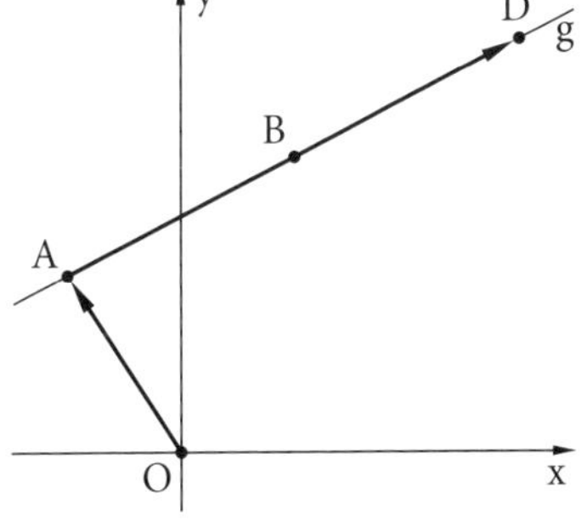

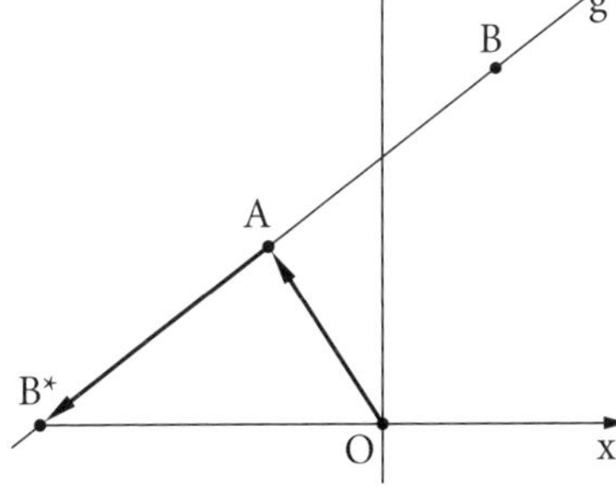

In der folgenden Aufgabe liegt die Gerade noch in der Ebene. Dies ermöglicht, sie wie gewohnt zu zeichnen.
Vorteil: Man kann zwischen bekannten Grundlagen und der neuen Geradengleichung Gemeinsamkeiten finden.

Aufgabe 2

Es seien A(–2 | 3) und B(6 | 7). Diese zwei Punkte bestimmen eine Gerade g.

a) Stellen Sie eine Gleichung der Geraden g auf.

b) Prüfen Sie, ob die Punkte C(2 | 5) und D(3 | 6) auf der Geraden g liegen.

Hinweis: Fertigen Sie zunächst eine Skizze an.

Lösung

Skizze:

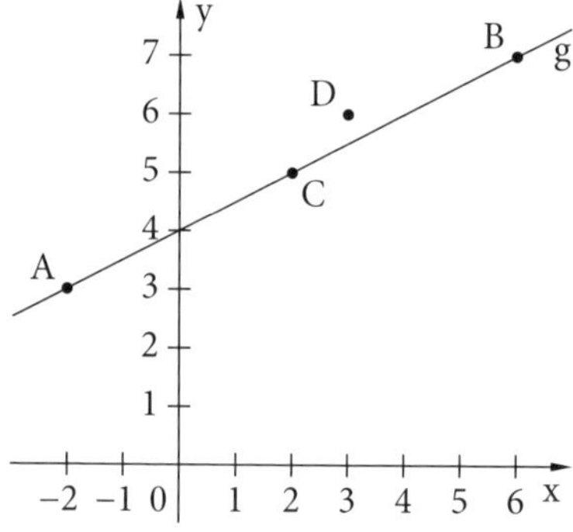

a) $g: \vec{x} = \overrightarrow{OA} + t \cdot \overrightarrow{AB}$

$g: \vec{x} = \begin{pmatrix} -2 \\ 3 \end{pmatrix} + t \cdot \begin{pmatrix} 8 \\ 4 \end{pmatrix}$

b) In der Ebene gilt $\vec{x} = \begin{pmatrix} x \\ y \end{pmatrix}$.

Aus $\begin{pmatrix} x \\ y \end{pmatrix} = \begin{pmatrix} -2 \\ 3 \end{pmatrix} + t \cdot \begin{pmatrix} 8 \\ 4 \end{pmatrix}$ erhält man:

I. $x = -2 + 8t$

II. $y = 3 + 4t$

Bei (2 | 5) ist x = 2 und y = 5. C liegt auf g, wenn es einen t-Wert gibt, der bei I. bzw. II. die Ergebnisse x = 2 bzw. y = 5 liefert. Durch Einsetzen in I. und II. folgt:

$2 = -2 + 8t \quad \Rightarrow \quad t = 0{,}5$

$5 = 3 + 4t \quad \Rightarrow \quad t = 0{,}5$

Gleiche t-Werte bedeuten: C liegt auf g. Genauer: Der t-Wert 0,5 beschreibt den Punkt C.

Mit D(3 | 6) wiederholt man das Verfahren:

$3 = -2 + 8t \quad \Rightarrow \quad t = 0{,}625$

$6 = 3 + 4t \quad \Rightarrow \quad t = 0{,}75$

Die unterschiedlichen t-Werte bedeuten: D liegt nicht auf g, denn es gibt keinen t-Wert, der den Punkt D beschreibt.

Vorteil: Die Skizze kann man anhand der vier Punkte anfertigen. Der Rechenweg bestätigt das, was man anschaulich sofort erkennen kann. Ablesen und beweisen gehen Hand in Hand.

Der Lehrperson ist bewusst: Im Raum wird das Ablesen in der Regel nicht mehr funktionieren.

Bezeichnet man den Stützvektor mit $\vec{p}$ und den Richtungsvektor mit $\vec{q}$, so hat eine Gerade die Gleichung

g: $\vec{x} = \vec{p} + t \cdot \vec{q}$

Der Übergang zu einer Geraden im Raum erfolgt „geräuschlos".

Anschaulich:

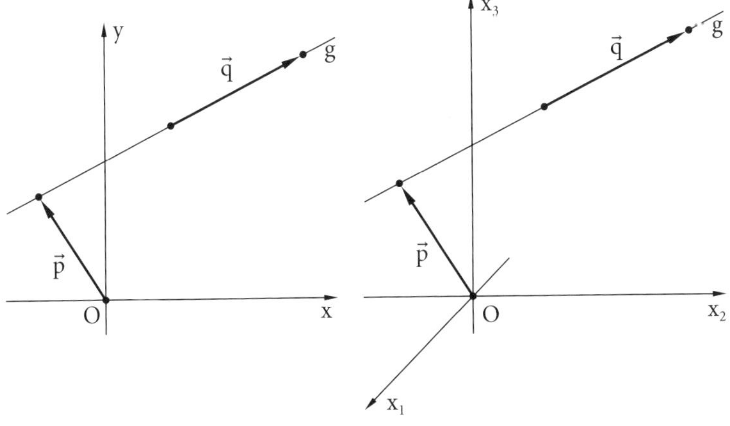

Bei der nächsten Aufgabe befindet sich die Gerade im Raum.

Aufgabe 3

Die Punkte A(5 | 2 | –2) und B(8 | 6 | –7) bestimmen eine Gerade g.

a) Stellen Sie eine Gleichung der Geraden g auf.

b) Untersuchen Sie, ob die Punkte C(14 | 14 | –17) und D(8 | 6 | –9) auf der Geraden g liegen.

Lösung

a) g: $\vec{x} = \overrightarrow{OA} + t \cdot \overrightarrow{AB}$

Vorteil: Form und Struktur der Gleichung sind wie in der Ebene, es kommt aber eine dritte Koordinate dazu.

$$g: \vec{x} = \begin{pmatrix} 5 \\ 2 \\ -2 \end{pmatrix} + t \cdot \begin{pmatrix} 3 \\ 4 \\ -5 \end{pmatrix}$$

b) Punkt C(14 | 14 | –17)

$5 + 3t = 14 \quad \Rightarrow \quad t = 3$

$2 + 4t = 14 \quad \Rightarrow \quad t = 3$

$-2 - 5t = -17 \quad \Rightarrow \quad t = 3$

Der gleiche t-Wert bedeutet: C liegt auf g.

Punkt D(8 | 6 | –9)

$5 + 3t = 8 \quad \Rightarrow \quad t = 1$

$2 + 4t = 6 \quad \Rightarrow \quad t = 1$

$-2 - 5t = -9 \quad \Rightarrow \quad t = 1{,}4$

$1 \neq 1{,}4$ bedeutet: D liegt nicht auf g.

In der nächsten Aufgabe muss man eine Geradengleichung aufstellen und eine Punktprobe durchführen.

Aufgabe 4

Untersuchen Sie jeweils, ob die drei Punkte auf einer Geraden liegen.

a) A(1 | 0 | 3), B(–1 | –3 | 1), C(3 | 3 | 5)

b) A(5 | 1 | 4), B(7 | 5 | 2), C(1 | –3 | 5)

Plan der Lösung:

Im 1. Schritt stellt man die Gleichung der Geraden g durch A und B auf.

Im 2. Schritt prüft man, ob der Punkt C auf der Geraden g liegt.

Der Lösungsweg ist wie bei Aufgabe 3. Man erhält als Ergebnis:

Bei a) liegen die drei Punkte auf einer Geraden, bei b) nicht.

Vorteil: Diese Aufgabe verbindet zwei bekannte Aspekte: Geradengleichung aufstellen und Punktprobe durchführen.

Parameterform von Ebenengleichungen

16

Vorbemerkung: Die Parameterform der Ebenengleichung wird in zwei anschaulichen Experimenten von den Schülerinnen und Schülern selbst entdeckt.
Den Schülerinnen und Schülern sind Geradengleichungen im Raum bereits gut bekannt. Die Lehrperson kann nun elegant von den Geradengleichungen zur Parameterform der Ebenengleichung übergehen.

16.1 Ebene durch zwei sich schneidende Geraden

Die Überschrift wird erst später an die Tafel geschrieben. Die Lehrperson hält zwei Stifte waagerecht vor sich in der Hand (linke Abbildung) und bittet einen Schüler, den DIN-A5-Karton auf die Stifte zu legen (rechte Abbildung).

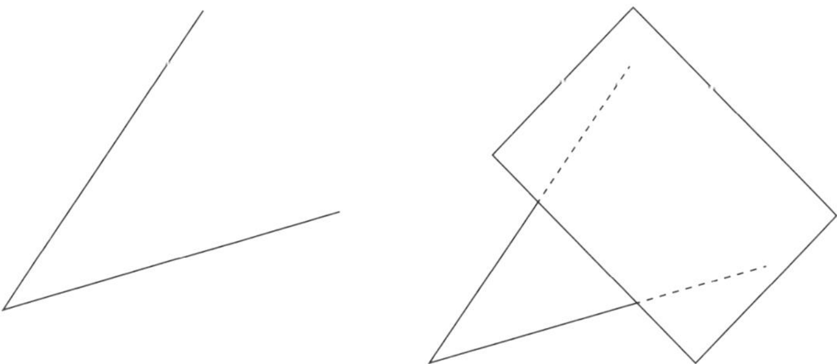

Nun wiederholt die Lehrperson das Experiment, indem sie zuerst den Winkel zwischen den Stiften ändert oder sie leicht dreht. Anschließend wird der Karton von einem anderen Schüler auf die Stifte gelegt.
Ein Rollenwechsel wäre denkbar: Jetzt hält eine dritte Schülerin die zwei Stifte und die Lehrperson legt den Karton darauf.
Es wird thematisiert, dass der Karton stets fest stehen bleibt.
Vorteil: Die Klasse erlebt und entdeckt, dass zwei sich schneidende Geraden eine Ebene bestimmen.
Das Wichtigste wird auch schriftlich festgehalten:
Merke: Zwei sich schneidende Geraden bestimmen eine Ebene.
Die Lehrperson kann aus dieser Erkenntnis mathematisches Kapital schlagen. Dazu stellt sie den Schülerinnen und Schülern folgende Aufgabe.

Aufgabe

Die sich schneidenden Geraden

$g: \vec{x} = \begin{pmatrix} 1 \\ 2 \\ 3 \end{pmatrix} + t \cdot \begin{pmatrix} 5 \\ 0 \\ 1 \end{pmatrix}$ und $h: \vec{x} = \begin{pmatrix} 1 \\ 2 \\ 3 \end{pmatrix} + s \cdot \begin{pmatrix} 4 \\ 7 \\ 2 \end{pmatrix}$

bestimmen eine Ebene E.

Versuchen Sie, eine Gleichung dieser Ebene aufzustellen.

Vorteil: Die Existenz der Ebene wurde bereits experimentell veranschaulicht.

Die Geradengleichungen wurden so gewählt, dass man den gemeinsamen Punkt (1 | 2 | 3) ablesen kann.

Er könnte hilfreich sein, den Arbeitsauftrag auch anders auszudrücken.

Eine Möglichkeit hierfür:

Wie könnte man aus den zwei Geradengleichungen eine dritte Gleichung basteln, die wiederum die Ebene E beschreibt, in der beide Geraden liegen?

Die Lehrperson kann der Klasse noch den Hinweis geben, dass sowohl der gemeinsame Stützvektor als auch die zwei Richtungsvektoren irgendwie berücksichtigt werden müssen.

In dieser Phase kommt es nicht darauf an, ob die Gleichung stimmt oder nicht; wichtiger ist, dass alle Lernenden es zumindest versuchen und eigene Ideen dazu entwickeln.

Es ist individuelle Arbeit angesagt, wobei die Schülerinnen und Schüler mit ihren Nachbarinnen und Nachbarn leise miteinander reden dürfen und ihre Vermutungen auch der Lehrperson mitteilen können. Wenn jemand innerhalb von fünf Minuten eine korrekte Gleichung gefunden hat, wird diese an die Tafel geschrieben. Ansonsten schreibt die Lehrperson eine mögliche Gleichung an die Tafel.

Lösung

Gleichung der Ebene, in der die beiden Geraden g und h liegen:

$E: \vec{x} = \begin{pmatrix} 1 \\ 2 \\ 3 \end{pmatrix} + t \cdot \begin{pmatrix} 5 \\ 0 \\ 1 \end{pmatrix} + s \cdot \begin{pmatrix} 4 \\ 7 \\ 2 \end{pmatrix}$

Aus didaktischer Sicht ist es entscheidend, dass die Klasse einsieht, warum die intuitiv entdeckte Gleichung mathematisch korrekt ist. Dabei können bestimmte Sonderfälle eine wichtige Rolle spielen. Einige Möglichkeiten:

Für $t = s = 0$ entsteht der Schnittpunkt (1 | 2 | 3) der zwei Geraden.

Für $s = 0$ entsteht $\vec{x} = \begin{pmatrix} 1 \\ 2 \\ 3 \end{pmatrix} + t \cdot \begin{pmatrix} 5 \\ 0 \\ 1 \end{pmatrix}$, also die Gleichung der Geraden g.

Für $t = 0$ entsteht $\vec{x} = \begin{pmatrix} 1 \\ 2 \\ 3 \end{pmatrix} + s \cdot \begin{pmatrix} 4 \\ 7 \\ 2 \end{pmatrix}$, also die Gleichung der Geraden h.

Vorteil: Die Sonderfälle liefern bekannte Angaben. Sie dienen daher als Bestätigungen für die gefundene Gleichung.
Jetzt ist die Zeit reif, die Parameterform einer Ebene auch allgemein zu formulieren.
Vorteil: Es ist die Verallgemeinerung bereits vorhandener Erkenntnisse.
Anhand einer Skizze wird die Parametergleichung erklärt.

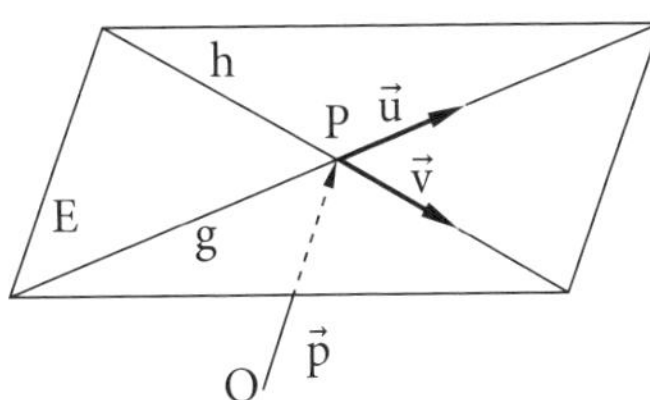

Die **Parametergleichung** einer Ebene E hat die Form
E: $\vec{x} = \vec{p} + t \cdot \vec{u} + s \cdot \vec{v}$
$\overrightarrow{OP} = \vec{p}$ heißt **Stützvektor**, $\vec{u}$ und $\vec{v}$ heißen **Spannvektoren**.
Es ist sinnvoll, Bezug auf die Gleichung der vorherigen Aufgabe zu nehmen.
Merke: Bei zwei sich schneidenden Geraden können deren Richtungsvektoren als Spannvektoren der von den Geraden bestimmten Ebene aufgefasst werden.

16.2 Ebene durch drei Punkte

Die Überschrift wird erst später an die Tafel geschrieben.
Die Lehrperson kann folgende Frage aufwerfen:
Warum wackelt ein Tisch mit drei Beinen nie – selbst, wenn er schief steht?

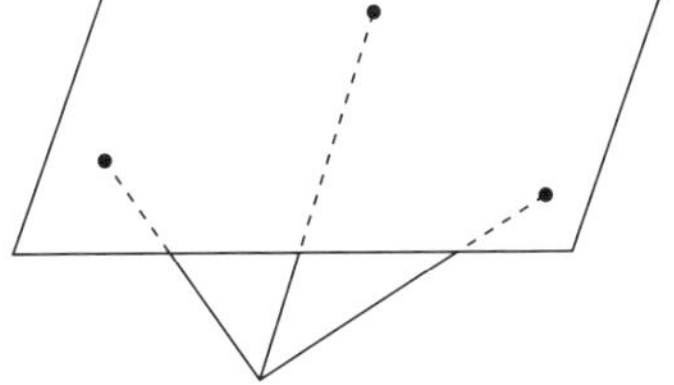

Nach den ersten spontanen Reaktionen wird ein neues Experiment durchgeführt, um das Phänomen anschaulich zu erläutern.
Die Lehrperson hält drei Stifte an einer Stelle fest und bittet einen Schüler, den Karton aus dem vorherigen Experiment so auf die Stiftenden zu legen, dass er alle drei Stifte berührt.
Nun wiederholt die Lehrperson das Experiment, indem sie zunächst die Winkel zwischen den Stiften ändert oder sie leicht dreht. Anschließend wird der Karton von einem anderen Schüler auf die Stifte gelegt. Auch ein

Rollenwechsel wäre denkbar: Ein anderer Schüler hält die drei Stifte und die Lehrperson legt den Karton darauf.
Vorteil: Die Klasse erlebt und entdeckt, dass drei Punkte eine Ebene bestimmen.
Der Sonderfall, bei dem die drei Punkte auf einer Geraden liegen, wird mit Absicht ausgeklammert, um vom roten Faden nicht abzulenken. Dieser Fall wird erst später angesprochen.
Das Wichtigste wird schriftlich festgehalten:
Merke: Die drei Eckpunkte eines Dreiecks bestimmen eine Ebene.
Die Lehrperson nimmt als Nächstes ein großes Geodreieck in die Hand und zeigt mit der anderen Hand auf die drei Eckpunkte und auf die Ebene des Geodreiecks.
Erst jetzt erklärt die Lehrperson, wie drei Punkte eine Ebene bestimmen. Man kann die Situation auch so auffassen, dass die sich schneidenden Geraden AB und AC die Ebene aufspannen. Als Stützvektor können wir den Ortsvektor des Punktes A, als Spannvektoren die Vektoren $\overrightarrow{AB}$ und $\overrightarrow{AC}$ betrachten.

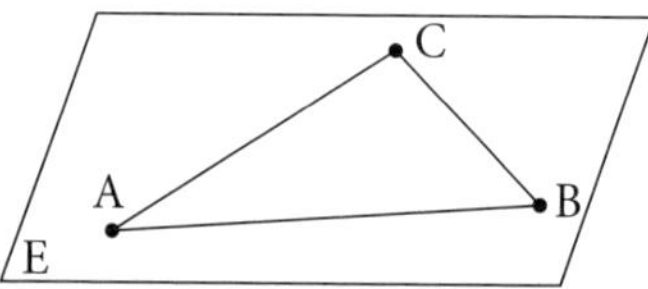

Vorteil: Man führt die obige Fragestellung auf den bereits bekannten Ansatz mit den zwei sich schneidenden Geraden zurück.
Nun kann man mit Vektoren arbeiten.

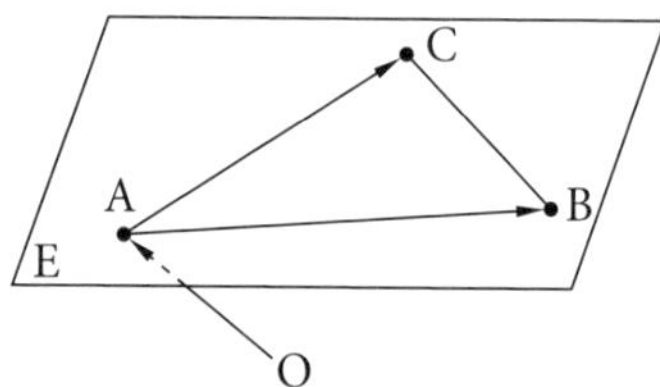

Die Parameterform einer Ebene E durch drei Punkte A, B und C lautet:
$E: \vec{x} = \overrightarrow{OA} + t \cdot \overrightarrow{AB} + s \cdot \overrightarrow{AC}$
Auch an dieser Stelle kann man die bereits bekannten Sonderfälle hervorheben.
Für $t = s = 0$ entsteht der Schnittpunkt A der beiden Geraden.
Für $s = 0$ entsteht $\vec{x} = \overrightarrow{OA} + t \cdot \overrightarrow{AB}$, also die Gleichung der Geraden AB.
Für $t = 0$ entsteht $\vec{x} = \overrightarrow{OA} + s \cdot \overrightarrow{AC}$, also die Gleichung der Geraden AC.

Die folgende Alternativdarstellung ist möglich, aber nicht nötig.

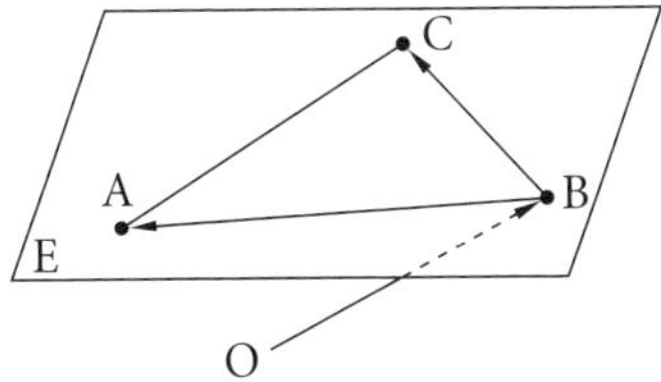

E: $\vec{x} = \overrightarrow{OB} + t \cdot \overrightarrow{BA} + s \cdot \overrightarrow{BC}$

Aufgabe
Die Punkte A(1 | 2 | 3), B(6 | 2 | 4) und C(5 | 9 | 5) bestimmen eine Ebene E.
Stellen Sie eine Gleichung dieser Ebene auf.

Lösung
E: $\vec{x} = \overrightarrow{OA} + t \cdot \overrightarrow{AB} + s \cdot \overrightarrow{AC}$

E: $\vec{x} = \begin{pmatrix} 1 \\ 2 \\ 3 \end{pmatrix} + t \cdot \begin{pmatrix} 5 \\ 0 \\ 1 \end{pmatrix} + s \cdot \begin{pmatrix} 4 \\ 7 \\ 2 \end{pmatrix}$

17 Koordinatengleichung einer Ebene

Vorbemerkung: Die Koordinatengleichung erweist sich bei vielen Aufgaben als die mit Abstand geeignetste. Es ist daher sinnvoll, sie so schnell wie möglich einzuführen. Andererseits könnte es für viele Lernende überraschend sein, dass – anstatt die gerade gelernte Parametergleichung zu vertiefen – eine neue Gleichung eingeführt wird. Um diese psychologische Hürde mit Erfolg zu nehmen, sollte die Lehrperson zuerst die Notwendigkeit einer anderen Form von Ebenengleichung überzeugend begründen. Danach kann die Koordinatengleichung an einem ausgewählten Beispiel eingeführt werden.

17.1 Einführung

Aufgabe 1

Es sei E: $\vec{x} = \begin{pmatrix} 5 \\ 0 \\ 1 \end{pmatrix} + t \cdot \begin{pmatrix} 0 \\ 3 \\ 2 \end{pmatrix} + s \cdot \begin{pmatrix} 4 \\ 1 \\ 0 \end{pmatrix}$.

a) Für t = 1 und s = 2 entsteht der Punkt A, für t = 2 und s = −1 der Punkt B und für t = 3 und s = 0 der Punkt C der Ebene E.
Ermitteln Sie die Koordinaten von A, B und C.

b) Stellen Sie die Gleichung der Ebene E mit dem Ansatz
$\vec{x} = \overrightarrow{OA} + t \cdot \overrightarrow{AB} + s \cdot \overrightarrow{AC}$ auf.
Vergleichen Sie diese anschließend mit der Ausgangsgleichung.

Lösung

a) A(13 | 5 | 3), B(1 | 5 | 5) und C(5 | 9 | 7)

b) Gleichung:

E: $\vec{x} = \overrightarrow{OA} + t \cdot \overrightarrow{AB} + s \cdot \overrightarrow{AC}$

E: $\vec{x} = \begin{pmatrix} 13 \\ 5 \\ 3 \end{pmatrix} + t \cdot \begin{pmatrix} -12 \\ 0 \\ 2 \end{pmatrix} + s \cdot \begin{pmatrix} -8 \\ 4 \\ 4 \end{pmatrix}$

Vergleich:

- Die unterschiedlichen Gleichungen stellen keinen Widerspruch dar, da es für die Spannvektoren einer Ebene unendlich viele Möglichkeiten gibt – ohne dass diese ein Vielfaches voneinander sein müssen.
  Hinweis: Nehmen Sie zwei Stifte in die Hand und legen Sie diese auf den Tisch. Wenn Sie nun die Stifte drehen, entstehen andere Vektoren, die jedoch dieselbe Ebene aufspannen – nämlich die Ebene des Tisches.

Vorteil: Die Lernenden können eine Erkenntnis empirisch belegen.

- Obwohl es sich um ein und dieselbe Ebene handelt, sind die zwei Gleichungen ganz unterschiedlich. Dieser Zustand ist nicht befriedigend, denn so sind zum Beispiel Vergleiche auf den ersten Blick nicht möglich.

Vorteil: Die Lernenden haben einen Nachteil der Parametergleichung erkannt.

Eine andere Form der Ebenengleichung zu ermitteln, erscheint daher sinnvoll.

Die Lehrperson stellt die erste „Frage des Tages“ in den Raum:

Haben Ebenen vielleicht doch eine eindeutige Gleichung?!

Diese Frage wird erst später beantwortet.

Aufgabe 2

Es sei g: $\vec{x} = \begin{pmatrix} -2 \\ 3 \end{pmatrix} + t \cdot \begin{pmatrix} 8 \\ 4 \end{pmatrix}$ eine Gerade in der xy-Ebene.

Schreiben Sie die Gleichung der Geraden in der Form $y = mx + c$.

Lösung

Mit $\vec{x} = \begin{pmatrix} x \\ y \end{pmatrix}$ erhält man folgendes Gleichungssystem:

I. $x = -2 + 8t$

II. $y = 3 + 4t$

Aus $(-0{,}5) \cdot \text{I} + \text{II}$ folgt:

$-0{,}5x + y = 4$

oder

$y = 0{,}5x + 4$

Die Lehrperson stellt die zweite „Frage des Tages“ in den Raum:

Lassen sich auch Ebenengleichungen ganz ohne Vektoren und ganz ohne Parameter darstellen?

17.2 Koordinatengleichung einer Ebene

Aufgabe 3

Gegeben ist die Ebene

$$E: \vec{x} = \begin{pmatrix} 2 \\ -1 \\ 1 \end{pmatrix} + t \cdot \begin{pmatrix} -1 \\ 1 \\ 3 \end{pmatrix} + s \cdot \begin{pmatrix} 2 \\ -1 \\ -8 \end{pmatrix}. \qquad (*)$$

Eliminieren Sie aus der Gleichung der Ebene beide Parameter t und s.

Hinweis: Gehen Sie ähnlich vor wie bei der Geraden in Aufgabe 2.

Lösung

Mit $\vec{x} = \begin{pmatrix} x_1 \\ x_2 \\ x_3 \end{pmatrix}$ erhält man folgendes Gleichungssystem:

I. $x_1 = 2 - t + 2s$
II. $x_2 = -1 + t - s$
III. $x_3 = 1 + 3t - 8s$
Im 1. Schritt eliminiert man einen Parameter:
Aus I. + II. folgt: IV. $x_1 + x_2 = 1 + s$
Aus 3 · I. + III. folgt: V. $3x_1 + x_3 = 7 - 2s$
Im 2. Schritt eliminiert man den noch verbliebenen Parameter:
Aus 2 · IV. + V. folgt:
$5x_1 + 2x_2 + x_3 = 9$ (**)
Die Antwort auf die zweite Frage des Tages lautet „ja".
Diese letzte Gleichung (**) enthält weder Vektoren noch Parameter. Eine solche Gleichung heißt **Koordinatengleichung** der Ebene.
Die Überschrift der Stunde wird jetzt an die Tafel geschrieben.
Allgemein gilt: Die **Koordinatengleichung** einer Ebene E hat die Form
E: $ax_1 + bx_2 + cx_3 = d$
wobei a, b und c nicht alle gleich null sein dürfen.
Die Gleichungen (*) und (**) sind auf den ersten Blick sehr unterschiedlich. Daher ist es aus didaktischer Sicht sinnvoll, den Lernenden bei diesem ersten Beispiel zu zeigen, dass die sich optisch stark unterscheidenden Gleichungen doch dieselbe Ebene beschreiben. Dies kann in drei Schritten in Form von gezielten Aufgaben erfolgen.

Aufgabe 4
Berechnen Sie aus der Parametergleichung (*) für t = s = 1 den entsprechenden Punkt P der Ebene E und prüfen Sie anschließend, ob dieser Punkt P auch die Gleichung (**) erfüllt.

Lösung
Mit t = s = 1 erhält man aus (*) den Punkt P(3 | −1 | − 4).
Eine Punktprobe mit P in der Gleichung (**) ergibt
$5 \cdot 3 + 2 \cdot (-1) + (-4) = 9$
$15 - 2 - 4 = 9$ und es stimmt.
Der Punkt P erfüllt also auch die Gleichung (**).

Aufgabe 5
Mit s = 0 in (*) erhält man die Gerade
$$g: \vec{x} = \begin{pmatrix} 2 \\ -1 \\ 1 \end{pmatrix} + t \cdot \begin{pmatrix} -1 \\ 1 \\ 3 \end{pmatrix}.$$
Prüfen Sie, ob ein beliebiger Punkt der Geraden g auch die Gleichung (**) erfüllt.

Lösung

Ein beliebiger Punkt der Geraden g hat die Form (2 – t | –1 + t | 1 + 3t).
Die Punktprobe in (**) ergibt:

$$5 \cdot (2 - t) + 2 \cdot (-1 + t) + (1 + 3t) = 9$$
$$10 - 5t - 2 + 2t + 1 + 3t = 9$$
$$9 - 5t + 5t = 9$$

Dies stimmt für jedes t; das bedeutet:
Jeder Punkt der Geraden g erfüllt auch die Gleichung (**).

Aufgabe 6

Ermitteln Sie aus (*) einen allgemeinen Punkt der Ebene E in Abhängigkeit von t und s und prüfen Sie anschließend, ob dieser Punkt auch die Gleichung (**) erfüllt.

Lösung

Ein beliebiger Punkt der Ebene E ist (2 – t + 2s | –1 + t – s | 1 + 3t – 8s).
Man führt nun die Punktprobe in (**) durch.

$$5 \cdot (2 - t + 2s) + 2 \cdot (-1 + t - s) + (1 + 3t - 8s) = 9$$
$$10 - 5t + 10s - 2 + 2t - 2s + 1 + 3t - 8s = 9$$
$$9 - 5t + 10s + 5t - 10s = 9$$

Dies stimmt für jedes t und jedes s; das bedeutet:
Ein beliebiger Punkt von (*) erfüllt auch die Gleichung (**).
Vorteil: Die Lernenden zeigen, dass die unterschiedlich aussehenden Gleichungen (*) und (**) ein und dieselbe Ebene beschreiben.
Das Lösungsschema der vorherigen Aufgabe bietet kein allgemeingültiges Verfahren zur Ermittlung der Koordinatengleichung. Daher ist es sinnvoll, der Klasse zwei wichtige Sonderfälle zu zeigen. Diese sind zwar relativ einfach, aber trotzdem aus psychologischer Sicht etwas verwirrend, fast sogar „heimtückisch".
Die Lehrperson wird später, nachdem der Normalenvektor definiert wurde, für die Umformung der Parametergleichung in die Koordinatengleichung das Verfahren mit dem Kreuzprodukt einführen und empfehlen.

Aufgabe 7

Gegeben ist die Ebene E mit E: $\vec{x} = \begin{pmatrix} 5 \\ 1 \\ 3 \end{pmatrix} + t \cdot \begin{pmatrix} 0 \\ 1 \\ 0 \end{pmatrix} + s \cdot \begin{pmatrix} 2 \\ 0 \\ -2 \end{pmatrix}$.
Ermitteln Sie die Koordinatengleichung dieser Ebene.

Lösung

Mit $\vec{x} = \begin{pmatrix} x_1 \\ x_2 \\ x_3 \end{pmatrix}$ erhält man folgendes Gleichungssystem:

I. $x_1 = 5 + 2s$
II. $x_2 = 1 + t$
III. $x_3 = 3 - 2s$
Aus I. + III. folgt:
$x_1 + x_3 = 8$

Die Lehrperson kann jetzt den Unterricht durch ein Schüler-Lehrer-Gespräch auflockern.

(Hinweise zur Verwendung dieses Dialogs finden Sie auf Seite 7.)

Charly: *Da ist etwas faul!*
Lehrerin: *Was denn?*
Charly: *Die Gleichung II. wurde gar nicht verwendet.*
Lehrerin: *Man hat II. diesmal nicht gebraucht.*
Charly: *Wir haben gelernt, dass man alle Gleichungen verwenden muss. Also auch die Gleichung II. Ich bestehe darauf!*
Lehrerin: *Koordinatengleichung bedeutet eine Gleichung ohne Parameter. $x_1 + x_3 = 8$ ist eine solche Gleichung.*
Charly: *Einspruch! Es ging doch darum, die Parameter zu eliminieren. Aber t wurde nicht abgeschossen, es grinst weiterhin in II. Übrigens: t kann man gar nicht eliminieren, denn dazu bräuchte man eine zweite Gleichung mit t – die gibt es aber nicht. Also!*
Lehrerin: *Die Gleichung $x_1 + x_3 = 8$ kann man auch so schreiben:*
$1 \cdot x_1 + 0 \cdot x_2 + 1 \cdot x_3 = 8$
Charly: *Soll ich jetzt wow sagen?*
Lehrerin: *Statt x_1, x_2 und x_3 kann man die Terme aus I., II., III. einsetzen.*
$1 \cdot (5 + 2s) + 0 \cdot (1 + t) + 1 \cdot (3 - 2s) = 8$
Es gilt $0 \cdot (1 + t) = 0$ für jedes t.
Die Probe geht auf, denn $5 + 2s + 3 - 2s = 8$ stimmt für jedes s.
Charly: *Das ist ja oberschlau! t lauert also im Hintergrund. Das kenne ich.*
Lehrerin: *Woher denn?*
Charly: *So hören uns die Geheimdienste ab. Wir bekommen nichts mit.*

Aufgabe 8

Gegeben ist die Ebene E mit

$E: \vec{x} = \begin{pmatrix} 2 \\ 5 \\ 1 \end{pmatrix} + t \cdot \begin{pmatrix} 1 \\ 0 \\ 0 \end{pmatrix} + s \cdot \begin{pmatrix} 0 \\ 0 \\ 3 \end{pmatrix}.$

Ermitteln Sie die Koordinatengleichung dieser Ebene.

Lösung

Man erhält folgendes Gleichungssystem:

I. $x_1 = 2 + t$

II. $x_2 = 5$

III. $x_3 = 1 + 3s$

Die Gleichung II., also $x_2 = 5$ ist bereits die Koordinatengleichung.

Die Lehrperson kann jetzt den Unterricht durch ein Schüler-Lehrer-Gespräch auflockern.

(Hinweise zur Verwendung dieses Dialogs finden Sie auf Seite 7.)

Charly: *Das ist gemogelt!*

Lehrerin: *Warum denn?*

Charly: *Wir haben doch nichts gerechnet!*

Lehrerin: *$x_2 = 5$ ist ohne Parameter, also die Koordinatengleichung.*

Charly: *Als Begründung kommt wieder so eine komische Null?*

Lehrerin: *Zwei sogar: $0 \cdot x_1 + 1 \cdot x_2 + 0 \cdot x_3 = 5$*

Charly: *Und setzen wir wieder die Terme aus I., II., III. ein?*

Lehrerin: *Genau. $0 \cdot (2 + t) + 1 \cdot 5 + 0 \cdot (1 + 3s) = 5$*

Charly: *Null mal egal was ist null, also $0 + 5 + 0 = 5$.*

Lehrerin: *Und zwar für jedes t und für jedes s.*

Charly: *Also gut. Es ist zwar komisch, aber doch richtig.*

17.3 Anwendungen

Aufgabe 9

Die Gleichungen

$$\vec{x} = \begin{pmatrix} 5 \\ 0 \\ 1 \end{pmatrix} + t \cdot \begin{pmatrix} 0 \\ 3 \\ 2 \end{pmatrix} + s \cdot \begin{pmatrix} 4 \\ 1 \\ 0 \end{pmatrix} \quad (*)$$

und $$\vec{x} = \begin{pmatrix} 13 \\ 5 \\ 3 \end{pmatrix} + t \cdot \begin{pmatrix} -12 \\ 0 \\ 2 \end{pmatrix} + s \cdot \begin{pmatrix} -8 \\ 4 \\ 4 \end{pmatrix} \quad (**)$$

beschreiben dieselbe Ebene E (siehe Aufgabe 1 sowie deren Lösung). Formen Sie die beiden Parametergleichungen (*) und (**) jeweils in eine Koordinatengleichung um. Vergleichen und deuten Sie anschließend die Ergebnisse.

Lösung

Gleichungssystem zu (*):

I. $x_1 = 5 \qquad\quad + 4s$

II. $x_2 = \qquad 3t + \ s$

III. $x_3 = 1 + 2t$

$\Rightarrow$ IV. = I. + (– 4) · II. $x_1 - 4x_2 = 5 - 12t$

V. = 6 · III. + IV. $\mathbf{x_1 - 4x_2 + 6x_3 = 11}$

Gleichungssystem zu (**):

I. $x_1 = 13 - 12t - 8s$

II. $x_2 = 5 + 4s$

III. $x_3 = 3 + 2t + 4s$

$\Rightarrow$ IV. = 2 · II. + I. $x_1 + 2x_2 = 23 - 12t$

V. = (–1) · II. + III. $-x_2 + x_3 = -2 + 2t$

VI. = 6 · V. + IV. $\mathbf{x_1 - 4x_2 + 6x_3 = 11}$

Deutung: Die zwei Parametergleichungen (*) und (**) waren auf den ersten Blick ganz unterschiedlich, obwohl sie dieselbe Ebene darstellen. Die daraus erhaltenen Koordinatengleichungen sind aber gleich. Damit kann man die erste Frage des Tages mit einem „ja" beantworten.

Merke: Die Koordinatengleichung einer Ebene ist eindeutig – bis auf ein Vielfaches der Koeffizienten.

Aufgabe 10

a) Ermitteln Sie die Koordinatengleichung der Ebene

$$\vec{x} = \begin{pmatrix} -2 \\ 4 \\ 0 \end{pmatrix} + t \cdot \begin{pmatrix} 1 \\ -1 \\ 1 \end{pmatrix} + s \cdot \begin{pmatrix} 3 \\ 0 \\ 5 \end{pmatrix}.$$

b) Prüfen Sie durch Punktprobe mit der Koordinatengleichung, ob die Punkte P(7 | 1 | 13) und Q(0 | 5 | 6) in der Ebene E liegen.

Lösung

a) I. $x_1 = -2 + t + 3s$

II. $x_2 = 4 - t$

III. $x_3 = t + 5s$

$\Rightarrow$ IV. = I. + II. $x_1 + x_2 = 2 + 3s$

V. = III. – I. $x_3 - x_1 = 2 + 2s$

VI. = (–3) · V. + 2 · IV. $\mathbf{5x_1 + 2x_2 - 3x_3 = -2}$

b) P(7 | 1 | 13) $\Rightarrow$ $35 + 2 - 39 = -2$ stimmt $\Rightarrow$ P liegt in E.

Q(0 | 5 | 6) $\Rightarrow$ $0 + 10 - 18 = -8$ falsch $\Rightarrow$ Q liegt nicht in E.

Aufgabe 11

Die drei gegebenen Punkte bestimmen jeweils eine Ebene. Stellen Sie zuerst eine Parametergleichung dieser Ebene auf und formen Sie diese anschließend in die Koordinatengleichung um.

a) A(2 | 0 | 1), B(10 | 3 | 5), C(4 | 4 | 2)

b) P(0 | 4 | 6), Q(1 | 5 | 6), R(3 | 6 | 6)

Lösung

a) $\vec{x} = \overrightarrow{OA} + t \cdot \overrightarrow{AB} + s \cdot \overrightarrow{AC}$

$$\vec{x} = \begin{pmatrix} 2 \\ 0 \\ 1 \end{pmatrix} + t \cdot \begin{pmatrix} 8 \\ 3 \\ 4 \end{pmatrix} + s \cdot \begin{pmatrix} 2 \\ 4 \\ 1 \end{pmatrix}$$

I. $x_1 = 2 + 8t + 2s$

II. $x_2 = 3t + 4s$

III. $x_3 = 1 + 4t + s$

$\Rightarrow (-2) \cdot$ III. + I. $\mathbf{x_1 - 2x_3 = 0}$

b) $\vec{x} = \overrightarrow{OP} + t \cdot \overrightarrow{PQ} + s \cdot \overrightarrow{PR}$

$$\vec{x} = \begin{pmatrix} 0 \\ 4 \\ 6 \end{pmatrix} + t \cdot \begin{pmatrix} 1 \\ 1 \\ 0 \end{pmatrix} + s \cdot \begin{pmatrix} 3 \\ 2 \\ 0 \end{pmatrix}$$

I. $x_1 = t + 3s$

II. $x_2 = 4 + t + 2s$

III. $x_3 = 6$

Gleichung III. enthält keine Parameter, daher lautet die Koordinatengleichung $\mathbf{x_3 = 6}$.

Aufgabe 12

Bestimmen Sie den Parameter d so, dass der Punkt D(2 | 8 | 1) in der Ebene E mit der Gleichung $3x_1 - x_2 + 4x_3 = d$ liegt.

Lösung

Punktprobe mit D(2 | 8 | 1):

$6 - 8 + 4 = d$

d = 2

18 Normalenform einer Ebenengleichung, Kreuzprodukt

Vorbemerkung: Die Lernenden entdecken experimentell, unter welchen Bedingungen ein Vektor senkrecht zu einer Ebene steht. Der Begriff Normalenvektor wird eingeführt. Eine Ebenengleichung in Normalenform wird vorgegeben; durch geeignete Umformungen erkennen die Lernenden, dass diese Gleichung mit der bekannten Koordinatengleichung gleichwertig ist. Anschließend wird die Normalenform allgemein eingeführt. Das Kreuzprodukt wird definiert und an einem bekannten Beispiel angewandt. Anhand eines Beispiels wird der Zusammenhang zwischen den Koeffizienten der Koordinatengleichung einer Ebene und deren Normalenvektor von den Lernenden entdeckt. Die Klasse lernt, wie man eine Parametergleichung mit Kreuzprodukt in eine Koordinatengleichung umformen kann.

18.1 Einführung

Die Lehrperson sagt der Klasse, dass sie jetzt auf gemeinsame Entdeckungstour gehen werden, und konfrontiert sie mit der ersten Aufgabe. Diese wird im Unterrichtsgespräch gelöst, unter starkem Einbezug der Schülerinnen und Schüler.

Aufgabe 1

Gegeben sind die Ebene E: $\vec{x} = \begin{pmatrix} 2 \\ 1 \\ 0 \end{pmatrix} + t \cdot \begin{pmatrix} 2 \\ -1 \\ 0 \end{pmatrix} + s \cdot \begin{pmatrix} 3 \\ 1 \\ -2 \end{pmatrix}$ und der Vektor $\vec{n} = \begin{pmatrix} 2 \\ 4 \\ 5 \end{pmatrix}$.

Zeigen Sie, dass $\vec{n}$ senkrecht zu beiden Spannvektoren der Ebene E steht, und deuten Sie das Ergebnis.

Lösung

Zwei Vektoren sind senkrecht zueinander, wenn ihr Skalarprodukt null ergibt.

$\begin{pmatrix} 2 \\ 4 \\ 5 \end{pmatrix} \circ \begin{pmatrix} 2 \\ -1 \\ 0 \end{pmatrix} = 2 \cdot 2 + 4 \cdot (-1) + 5 \cdot 0 = 0$ und es stimmt.

$\begin{pmatrix} 2 \\ 4 \\ 5 \end{pmatrix} \circ \begin{pmatrix} 3 \\ 1 \\ -2 \end{pmatrix} = 2 \cdot 3 + 4 \cdot 1 + 5 \cdot (-2) = 0$ und es stimmt.

Um das Ergebnis zu deuten, führt die Lehrperson ein Experiment durch. Sie nimmt den Karton in die Hand, auf dem die zwei Spannvektoren, welche die Ebene des Kartons aufspannen, gut sichtbar eingezeichnet sind,

hält ihn schräg und bittet die Klasse, mithilfe eines Zeigestocks den Vektor $\vec{n}$ zu veranschaulichen. Nach wenigen Versuchen sollten die Lernenden zum gewünschten Ergebnis kommen: Der Zeigestock steht senkrecht zur Ebene (siehe die nachfolgende linke Abbildung).
Die Lehrperson wirft die Frage auf, ob die Orthogonalität zu nur einem Spannvektor ausreicht, damit $\vec{n}$ senkrecht zur Ebene steht. Ein Schüler hält den Karton, andere versuchen, diese offene Frage mithilfe des Zeigestocks anschaulich zu klären. Nach wenigen Versuchen sollten sie zu dem Ergebnis kommen, dass die Frage mit „nein" zu beantworten ist (siehe die nachfolgende rechte Abbildung).

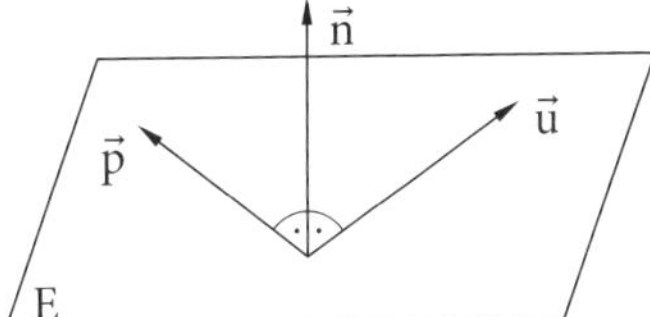

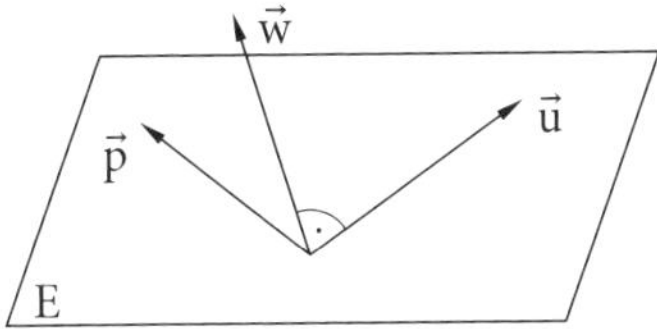

Vorteil: Die Lernenden haben einen Zusammenhang selbst erkannt und ihn experimentell gepruft.
Merke: Wenn $\vec{n}$ senkrecht zu beiden Spannvektoren der Ebene E ist, dann ist $\vec{n}$ senkrecht zur gesamten Ebene E.

18.2 Normalenvektor

Definition: Ein Vektor $\vec{n}$, der senkrecht zur Ebene E steht, heißt **Normalenvektor** der Ebene E.
Eine Schülerin hält den Karton und die Lehrperson führt nun folgendes Experiment durch: Man verkürzt und verlängert den Zeigestock, achtet aber stets darauf, dass dieser senkrecht zur Ebene bleibt.
Anschließend diktiert die Lehrperson den Merksatz:
Beachte: Die Richtung des Normalenvektors einer Ebene ist eindeutig bestimmt. Die Länge hingegen kann beliebig sein.

Aufgabe 2
Ermitteln Sie einen Normalenvektor für die Ebene

$$E: \vec{x} = \begin{pmatrix} 1 \\ 3 \\ 2 \end{pmatrix} + t \cdot \begin{pmatrix} 1 \\ 0 \\ -2 \end{pmatrix} + s \cdot \begin{pmatrix} 3 \\ -3 \\ -4 \end{pmatrix}.$$

Lösung
Es sei $\vec{n} = \begin{pmatrix} n_1 \\ n_2 \\ n_3 \end{pmatrix}$ ein Normalenvektor von E.

$$\begin{pmatrix} n_1 \\ n_2 \\ n_3 \end{pmatrix} \circ \begin{pmatrix} 1 \\ 0 \\ -2 \end{pmatrix} = 0 \quad \Rightarrow \quad \text{I.} \quad n_1 - 2n_3 = 0$$

$$\begin{pmatrix} n_1 \\ n_2 \\ n_3 \end{pmatrix} \circ \begin{pmatrix} 3 \\ -3 \\ -4 \end{pmatrix} = 0 \quad \Rightarrow \quad \text{II.} \quad 3n_1 - 3n_2 - 4n_3 = 0$$

Die Lehrperson thematisiert an dieser Stelle folgenden Aspekt: „Es gibt drei Unbekannte, aber nur zwei Gleichungen", und greift – falls keine Anregung von den Lernenden kommt – auf den letzten Merksatz zurück: „Ja, es gibt unendlich viele Normalenvektoren. Verlangt wird aber nur einer."

Der Plan der Lösung: Man belegt eine der Unbekannten durch irgendeine Zahl und berechnet anschließend die anderen zwei.

Es sei $n_3 = 1$.

Aus I. folgt damit $n_1 = 2$.

Einsetzen in II. ergibt

$6 - 3n_2 - 4 = 0$

$n_2 = \frac{2}{3}$

$\vec{n} = \begin{pmatrix} 2 \\ \frac{2}{3} \\ 1 \end{pmatrix}$

Die Lehrperson merkt an: $\vec{n} = \begin{pmatrix} 2 \\ \frac{2}{3} \\ 1 \end{pmatrix} = \frac{1}{3} \cdot \begin{pmatrix} 6 \\ 2 \\ 3 \end{pmatrix}$

Damit ist $\begin{pmatrix} 6 \\ 2 \\ 3 \end{pmatrix}$ ein anderer Normalenvektor derselben Ebene.

18.3 Normalenform einer Ebenengleichung

Aufgabe 3

Gegeben sind die Ebenen

E: $2x_1 + 3x_2 + 4x_3 = 5$ und F: $\left[\vec{x} - \begin{pmatrix} 1 \\ 1 \\ 0 \end{pmatrix}\right] \circ \begin{pmatrix} 2 \\ 3 \\ 4 \end{pmatrix} = 0$.

Formen Sie die Gleichung von F in eine Koordinatengleichung um, indem Sie das Skalarprodukt ausrechnen.

Deuten Sie anschließend das Ergebnis.

Lösung

Koordinatengleichung von F:

Mit $\vec{x} = \begin{pmatrix} x_1 \\ x_2 \\ x_3 \end{pmatrix}$ lässt sich die Koordinatengleichung von F berechnen.

$$\begin{pmatrix} x_1 - 1 \\ x_2 - 1 \\ x_3 - 0 \end{pmatrix} \circ \begin{pmatrix} 2 \\ 3 \\ 4 \end{pmatrix} = 0$$

$$(x_1 - 1) \cdot 2 + (x_2 - 1) \cdot 3 + x_3 \cdot 4 = 0$$

$$2x_1 - 2 + 3x_2 - 3 + 4x_3 = 0$$

$$F\colon 2x_1 + 3x_2 + 4x_3 = 5$$

Deutung:
Die Ebenen E und F sind gleich.

Vorteil: Die Lernenden haben an einem Beispiel die Normalenform einer Ebenengleichung kennengelernt.

Die Lehrperson merkt an, dass der Punkt P(1 | 1 | 0) in der Ebene F liegt (2 + 3 = 5).

Jetzt kann die Lehrperson die Normalenform allgemein einführen. Dazu visualisiert sie Folgendes:

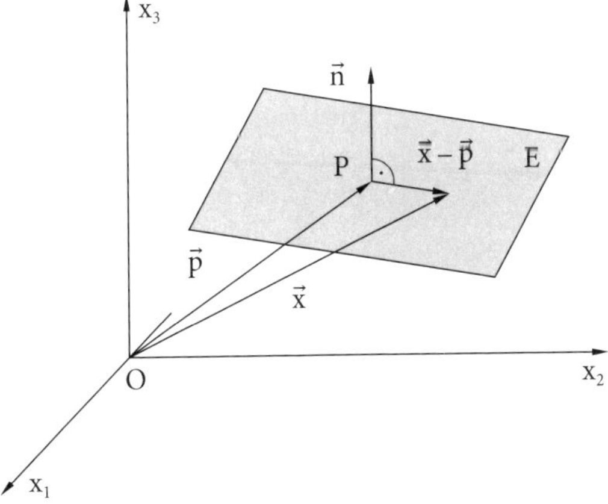

$\overrightarrow{OP} = \vec{p}$ ist der Stützvektor,
$\vec{n}$ ist der Normalenvektor und
$\vec{x}$ ist der Ortsvektor eines beliebigen Punktes der Ebene.

Definition
Die Normalengleichung einer Ebene hat die Form:
E: $[\vec{x} - \vec{p}] \circ \vec{n} = 0$
Im Aufgabenbeispiel:

$$E\colon \left[\vec{x} - \begin{pmatrix} 1 \\ 1 \\ 0 \end{pmatrix}\right] \circ \begin{pmatrix} 2 \\ 3 \\ 4 \end{pmatrix} = 0$$

Vorteil: Die allgemeine Gleichung und die Gleichung aus der letzten Aufgabe stehen untereinander. Dies führt zum besseren Verständnis, verkürzt und erleichtert die Erläuterungen.
Vorschlag des Autorenteams: Die Schülerinnen und Schüler schreiben nur die allgemeine Form der Normalengleichung ab. Auf das Abzeichnen der Abbildung wird verzichtet. Falls aber eine ähnliche Zeichnung im Schulbuch vorhanden ist, so verweist die Lehrperson darauf.

Aufgabe 4
Eine Normalengleichung der Ebene E lautet:

$$\text{E: } \left[\vec{x} - \begin{pmatrix}1\\2\\3\end{pmatrix}\right] \circ \begin{pmatrix}4\\5\\6\end{pmatrix} = 0$$

Geben Sie die Koordinatengleichung der Ebene E an.

Lösung

$$\begin{pmatrix}x_1 - 1\\x_2 - 2\\x_3 - 3\end{pmatrix} \circ \begin{pmatrix}4\\5\\6\end{pmatrix} = 0$$

$$(x_1 - 1) \cdot 4 + (x_2 - 2) \cdot 5 + (x_3 - 3) \cdot 6 = 0$$

$$4x_1 - 4 + 5x_2 - 10 + 6x_3 - 18 = 0$$

$$\text{E: } 4x_1 + 5x_2 + 6x_3 = 32$$

18.4 Kreuzprodukt, Vektorprodukt

Die Lehrperson teilt der Klasse mit, dass sie eine neue Rechentechnik lernen werden, mit deren Hilfe man einen Normalenvektor ermitteln kann.

Musteraufgabe
Man betrachtet noch einmal die Ebene aus Aufgabe 2:

$$\text{E: } \vec{x} = \begin{pmatrix}1\\3\\2\end{pmatrix} + t \cdot \begin{pmatrix}1\\0\\-2\end{pmatrix} + s \cdot \begin{pmatrix}3\\-3\\-4\end{pmatrix}$$

Gesucht ist ein Normalenvektor von E.
Die Lehrperson greift zunächst auf den anschaulichen Hintergrund zurück: Der Normalenvektor steht senkrecht zu den zwei Spannvektoren.

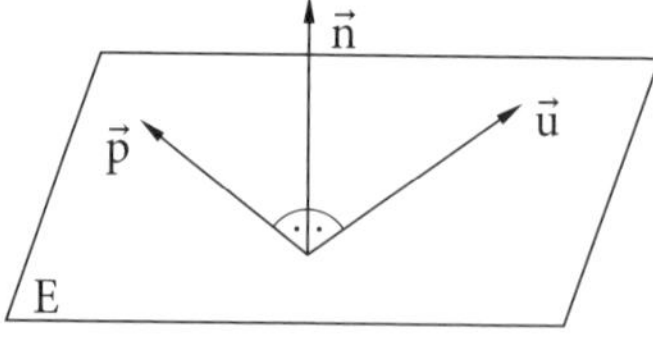

Mit $\vec{u} = \begin{pmatrix} 1 \\ 0 \\ -2 \end{pmatrix}$ und $\vec{v} = \begin{pmatrix} 3 \\ -3 \\ -4 \end{pmatrix}$ erklärt die Lehrperson das Kreuzprodukt:

$0 \cdot (-4) - (-2) \cdot (-3) = -6$
$(-2) \cdot 3 - 1 \cdot (-4) = -2$
$1 \cdot (-3) - 0 \cdot 3 = -3$

~~1~~	~~3~~
0	−3
−2	−4
1	3
0	−3
~~−2~~	~~−4~~

Die drei Zahlen sind die Koordinaten eines Normalenvektors:

$\vec{n} = \begin{pmatrix} -6 \\ -2 \\ -3 \end{pmatrix}$

Nun vergleicht die Lehrperson den Vektor mit dem Ergebnis von Aufgabe 2:

$\begin{pmatrix} 6 \\ 2 \\ 3 \end{pmatrix}$

Man stellt fest: $\begin{pmatrix} -6 \\ -2 \\ -3 \end{pmatrix} = (-1) \cdot \begin{pmatrix} 6 \\ 2 \\ 3 \end{pmatrix}$, es sind Vielfache voneinander.

Vorteil: Diese Bestätigung erhöht die Akzeptanz der neuen Rechentechnik.
Beachte: Statt Kreuzprodukt kann man auch **Vektorprodukt** sagen. Im Gegensatz zum Skalarprodukt ist das Ergebnis keine Zahl, sondern ein Vektor.

Aufgabe 5

Ermitteln Sie einen Normalenvektor der Ebene E mit dem Kreuzprodukt:

$$E: \vec{x} = \begin{pmatrix} 2 \\ -1 \\ 1 \end{pmatrix} + t \cdot \begin{pmatrix} 2 \\ -1 \\ -8 \end{pmatrix} + s \cdot \begin{pmatrix} -1 \\ 1 \\ 3 \end{pmatrix}$$

Lösung

$(-1) \cdot 3 - (-8) \cdot 1 = 5$
$(-8) \cdot (-1) - 2 \cdot 3 = 2$
$2 \cdot 1 - (-1) \cdot (-1) = 1$

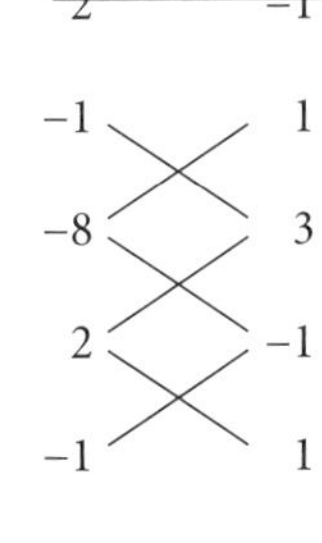

$\vec{n} = \begin{pmatrix} 5 \\ 2 \\ 1 \end{pmatrix}$

18.5 Ermittlung der Koordinatengleichung mit dem Kreuzprodukt

Zunächst greift die Lehrperson die beiden Ebenengleichungen der Ebene E aus Aufgabe 3 noch einmal auf.

E: $2x_1 + 3x_2 + 4x_3 = 5$ und E: $\left[\vec{x} - \begin{pmatrix}1\\1\\0\end{pmatrix}\right] \circ \begin{pmatrix}2\\3\\4\end{pmatrix} = 0$

Bei der Lösung hat man gesehen, dass es sich um dieselbe Ebene handelt. Die Lehrperson fordert die Klasse auf, einen Zusammenhang zwischen den zwei Gleichungen zu finden. Es ist davon auszugehen, dass dies schnell erfolgt. Die Lehrperson hält fest:

$\mathbf{2}x_1 + \mathbf{3}x_2 + \mathbf{4}x_3 = 5$ und $\left[\vec{x} - \begin{pmatrix}1\\1\\0\end{pmatrix}\right] \circ \begin{pmatrix}\mathbf{2}\\\mathbf{3}\\\mathbf{4}\end{pmatrix} = 0$

Die Lehrperson kann die drei Zahlen mit je einer Farbe markieren (hier fett gedruckt).

Die Lehrperson betont, dass es sich nicht um einen Zufall, sondern um eine allgemeingültige, wichtige Regel handelt. Sie schreibt folgenden Merksatz an die Tafel:

Beachte: $\vec{n} = \begin{pmatrix}a\\b\\c\end{pmatrix}$ stellt einen Normalenvektor der Ebene

E: $ax_1 + bx_2 + cx_3 = d$ dar.

Diese Entdeckung ermöglicht es uns, die Koordinatengleichung einer Ebene aus der Parameterform auf andere Weise zu ermitteln.

Beispiel (siehe Aufgabe 5)

E: $\vec{x} = \begin{pmatrix}2\\-1\\1\end{pmatrix} + t \cdot \begin{pmatrix}2\\-1\\-8\end{pmatrix} + s \cdot \begin{pmatrix}-1\\1\\3\end{pmatrix}$

In einem *1. Schritt* ermittelt man einen Normalenvektor.

$\vec{n} = \begin{pmatrix}5\\2\\1\end{pmatrix}$, siehe die Lösung von Aufgabe 5.

In einem *2. Schritt* wendet man das neue Ergebnis an.

E: $5x_1 + 2x_2 + 1x_3 = d$

In einem *3. Schritt* ermittelt man d. Dazu macht man die Punktprobe mit dem Aufpunkt der Ebene.

$P(2 \mid -1 \mid 1)$

$5 \cdot 2 + 2 \cdot (-1) + 1 \cdot 1 = d$

$d = 9$

E: $5x_1 + 2x_2 + 1x_3 = 9$

Aufgabe 6

Ermitteln Sie jeweils eine Koordinatengleichung für die Ebenen.

a) E: $\vec{x} = \begin{pmatrix} 5 \\ 1 \\ 3 \end{pmatrix} + t \cdot \begin{pmatrix} 0 \\ 1 \\ 0 \end{pmatrix} + s \cdot \begin{pmatrix} 2 \\ 0 \\ -2 \end{pmatrix}$ **b)** F: $\vec{x} = \begin{pmatrix} 2 \\ 5 \\ 1 \end{pmatrix} + t \cdot \begin{pmatrix} 1 \\ 0 \\ 0 \end{pmatrix} + s \cdot \begin{pmatrix} 0 \\ 0 \\ 3 \end{pmatrix}$

Lösung

a)

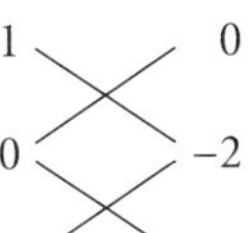

$1 \cdot (-2) - 0 \cdot 0 = -2$

$0 \cdot 2 - 0 \cdot (-2) = 0$

$0 \cdot 0 - 1 \cdot 2 = -2$

$\vec{n} = \begin{pmatrix} -2 \\ 0 \\ -2 \end{pmatrix}$

E: $-2x_1 + 0 \cdot x_2 - 2x_3 = d$

Punktprobe mit P(5 | 1 | 3):

$-2 \cdot 5 + 0 - 2 \cdot 3 = d$

$d = -16$

E: $-2x_1 - 2x_3 = -16$

Oder, geteilt durch (–2):

E: $x_1 + x_3 - 8$

b)

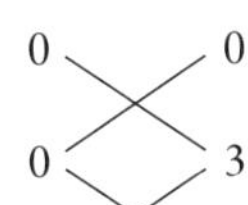

$0 \cdot 3 - 0 \cdot 0 = 0$

$0 \cdot 0 - 1 \cdot 3 = -3$

$1 \cdot 0 - 0 \cdot 0 = 0$

$\vec{n} = \begin{pmatrix} 0 \\ -3 \\ 0 \end{pmatrix}$

F: $0 \cdot x_1 - 3 \cdot x_2 + 0 \cdot x_3 = d$

Punktprobe mit Q(2 | 5 | 1):

$0 \cdot 2 - 3 \cdot 5 + 0 \cdot 1 = d$

$d = -15$

F: $-3x_2 = -15$

Oder, geteilt durch (–3):

F: $x_2 = 5$

19 Die Formel von Bernoulli

Vorbemerkung: Die Formel von Bernoulli wird von der Klasse entdeckt. Schwerpunkte sind das Aufstellen der Formel sowie die Deutung einer angegebenen Formel.

19.1 Einführung

Aufgabe 1

Bei einer verbeulten Münze ist die Wahrscheinlichkeit für Kopf 0,7 und für Zahl 0,3. Die Münze wird fünfmal geworfen.
Stellen Sie einen Term auf, mit dessen Hilfe die Wahrscheinlichkeit des Ereignisses E ermittelt werden kann:
E: Es fällt genau zweimal „Zahl".

Lösung

Zunächst zählt man alle Pfade, die zu dem Ereignis E führen, auf.

KKKZZ KZKZK
KKZKZ ZKKZK
KZKKZ KZZKK
ZKKKZ ZKZKK
KKZZK ZZKKK

Das Zusammenzählen ergibt zehn Pfade. Die Wahrscheinlichkeit für KKKZZ ist $0{,}7 \cdot 0{,}7 \cdot 0{,}7 \cdot 0{,}3 \cdot 0{,}3$. Für KKZKZ ergibt sich $0{,}7 \cdot 0{,}7 \cdot 0{,}3 \cdot 0{,}7 \cdot 0{,}3$. Da die Reihenfolge der Faktoren keine Rolle spielt, hat jeder Pfad die Wahrscheinlichkeit $0{,}7^3 \cdot 0{,}3^2$. Damit gilt:
$P(E) = 10 \cdot 0{,}7^3 \cdot 0{,}3^2$

Die Lehrperson zeigt auf die Pfade und sagt: Von den fünf Würfen sind genau zwei „Zahl". Wir versuchen, auf alle denkbaren Arten zweimal „Zahl" an fünf möglichen Stellen unterzubringen.
Man fragt die Klasse:
Auf wie vielen Arten kann man von fünf Würfen zwei auswählen?
Es ist damit zu rechnen, dass einige Schülerinnen und Schüler es wissen: Ziehen mit einem Griff, also $\binom{5}{2}$.

Der Binomialkoeffizient $\binom{5}{2}$ wird mit dem Taschenrechner berechnet: $\binom{5}{2} = 10$

Vorteil: Die Klasse erlebt einen Aha-Effekt.
Die Lehrperson führt folgende Zufallsvariable ein:
X: Die Anzahl der gefallenen Zahlen.

Damit wird aus P(E):

$P(X = 2) = \binom{5}{2} \cdot 0{,}3^2 \cdot 0{,}7^3$

Die Lehrperson sagt nun der Klasse, dass man den Term nicht ausrechnet, sondern nur anders schreibt. Man begründet dies damit, dass sie auf diesem Wege etwas Neues gemeinsam entdecken können.

$P(X = \mathbf{2}) = \binom{5}{\mathbf{2}} \cdot 0{,}3^{\mathbf{2}} \cdot (1 - 0{,}3)^{5-\mathbf{2}}$

Die Lehrperson kann die Zweien mit Farben markieren.
Anstatt die Formel allgemein zu formulieren, bringt die Lehrperson zunächst eine zweite Aufgabe. Ihr ist bewusst, dass sich durch zwei ähnliche Beispiele viele Gemeinsamkeiten herauskristallisieren.

Aufgabe 2
Bei einer verbeulten Münze ist die Wahrscheinlichkeit für Kopf 0,8 und für Zahl 0,2. Die Münze wird neunmal geworfen.
Stellen Sie einen Term auf, mit dessen Hilfe die Wahrscheinlichkeit des Ereignisses F ermittelt werden kann:
F: Es fällt genau viermal Zahl

Lösung
Es ist damit zu rechnen, dass viele Schülerinnen und Schüler den Term korrekt aufstellen.

$P(F) = P(X = 4) = \binom{9}{4} \cdot 0{,}2^4 \cdot (1 - 0{,}2)^5$

Vorteil: Die Klasse hat die Formel von Bernoulli intuitiv bereits verstanden.
Alternativ zu mehreren Farben kann die Lehrperson Zusammenhänge auch notieren.
Bei
$P(X = 4) = \binom{9}{\mathbf{4}} \cdot 0{,}2^{\mathbf{4}} \cdot 0{,}8^5$

gilt: 9 = 4 + 5 und 0,2 + 0,8 = 1.
Der Lehrperson ist bewusst: Die meisten Schülerinnen und Schüler merken sich die Formel von Bernoulli anhand von solchen Beispielen. Die allgemeine Formel rundet zwar die Sache ab, sollte man sie aber zu Beginn nicht in den Vordergrund stellen.

Aufgabe 3

a) Ein Sportschütze trifft das Ziel mit der Wahrscheinlichkeit 0,85.

Es sei $P(A) = \binom{12}{10} \cdot 0{,}85^{10} \cdot 0{,}15^{2}$

Deuten Sie das Ereignis A im Sachzusammenhang.

b) Bei einem anderen Sportschützen gilt für das Ereignis B:

$P(B) = \binom{50}{a} \cdot 0{,}75^{43} \cdot b^{c}$

Ermitteln Sie die Werte für a, b und c.

Lösung

a) A: Der Sportschütze schießt 12-mal und trifft dabei zehnmal das Ziel.

b) Aus $50 = 43 + c$ folgt $c = 7$.
Aus $0{,}75 + b = 1$ folgt $b = 0{,}25$.
Schließlich ist $a = 43$.

Vorteil: Die Klasse übt die Formel von Bernoulli durch „Rückwärtsdenken".

19.2 Die Formel von Bernoulli

Für eine binomialverteilte Zufallsgröße X gilt:

$$P(X = k) = \binom{n}{k} \cdot p^{k} \cdot (1 - p)^{n-k}$$

Dabei gilt:

- n ist die Länge der Kette,
- p ist die Trefferwahrscheinlichkeit,
- X beschreibt die Anzahl der Treffer,
- k ist die Anzahl der Treffer.

Die Lehrperson verweist auf ein Beispiel aus 19.1 und legt n, p und k fest. Anschließend bespricht man dies mit der Klasse auch an einem anderen Beispiel aus 19.1.

Vorteil: Die Klasse kann die allgemeine Formel anhand der bekannten Beispiele gut einordnen.

Aufgabe 4

Raphael und Manuel spielen regelmäßig Tennis miteinander. Raphael gewinnt im Schnitt zwei von drei Spielen.

a) Sie machen vier Spiele. Ermitteln Sie die Wahrscheinlichkeit des Ereignisses
E: Manuel gewinnt genau zwei Spiele davon.

b) Formulieren Sie ein Ereignis F, für das gilt:

$$P(F) = \binom{8}{6} \cdot \left(\frac{2}{3}\right)^6 \cdot \left(\frac{1}{3}\right)^2 + 8 \cdot \left(\frac{2}{3}\right)^7 \cdot \frac{1}{3} + \left(\frac{2}{3}\right)^8$$

Lösung

a) X: Anzahl der von Manuel gewonnenen Spiele.
Manuel gewinnt im Schnitt eines von drei Spielen, also ist für ihn $p = \frac{1}{3}$.
Mit n = 4 und k = 2 folgt:

$$P(E) = P(X = 2) = \binom{4}{2} \cdot \left(\frac{1}{3}\right)^2 \cdot \left(\frac{2}{3}\right)^2 \approx 0{,}2963$$

Ohne Taschenrechner hätte man folgenden Term zu berechnen:

$$P(E) = \frac{4 \cdot 3}{1 \cdot 2} \cdot \frac{1}{9} \cdot \frac{4}{9} = \frac{6}{1} \cdot \frac{4}{81} = \frac{24}{81} = \frac{8}{27}$$

b) Y: Anzahl der von Raphael gewonnenen Spiele.
Raphael gewinnt im Schnitt zwei von drei Spielen, also ist für ihn $p = \frac{2}{3}$. Der Term $\binom{8}{6} \cdot \left(\frac{2}{3}\right)^6 \cdot \left(\frac{1}{3}\right)^2$ gibt die Wahrscheinlichkeit an, mit der Raphael 6 aus 8 Spielen gewinnt.
Die anderen zwei Terme scheinen nicht die Struktur der Formel von Bernoulli zu haben. In Wirklichkeit gilt aber:

$$8 \cdot \left(\frac{2}{3}\right)^7 \cdot \frac{1}{3} = \binom{8}{7} \cdot \left(\frac{2}{3}\right)^7 \cdot \left(\frac{1}{3}\right)^1 \text{ und } \left(\frac{2}{3}\right)^8 = \binom{8}{8} \cdot \left(\frac{2}{3}\right)^8 \cdot \left(\frac{1}{3}\right)^0$$

Vorteil: Die Formel wird an Sonderfällen vertieft.
Also:

$$P(F) = \underbrace{\binom{8}{6} \cdot \left(\frac{2}{3}\right)^6 \cdot \left(\frac{1}{3}\right)^2}_{\text{6-mal gewonnen}} + \underbrace{\binom{8}{7} \cdot \left(\frac{2}{3}\right)^7 \cdot \left(\frac{1}{3}\right)^1}_{\text{7-mal gewonnen}} + \underbrace{\binom{8}{8} \cdot \left(\frac{2}{3}\right)^8 \cdot \left(\frac{1}{3}\right)^0}_{\text{8-mal gewonnen}}$$

F: Raphael gewinnt mindestens 6 von 8 Spielen.

Eine Aufgabe, zwei Lösungen

Aufgabe 5

In einer Urne befinden sich sieben weiße und drei schwarze Kugeln. Es werden vier Kugeln gezogen (Ziehen mit Zurücklegen). Bestimmen Sie die Wahrscheinlichkeit des Ereignisses
E: Es werden genau zwei weiße Kugeln gezogen, die aufeinander folgen.

Jans Lösung

Die Wahrscheinlichkeit für eine weiße Kugel ist $\frac{7}{10}$. Mit der Formel von Bernoulli folgt:

$$P(E) = \binom{4}{2} \cdot \left(\frac{7}{10}\right)^2 \cdot \left(\frac{3}{10}\right)^2 = 0{,}2646$$

Noras Lösung
Ich arbeite mit Pfadregeln. P(W) = 0,7 und P(S) = 0,3

$P(E) = 0{,}7 \cdot 0{,}7 \cdot 0{,}3 \cdot 0{,}3 + 0{,}3 \cdot 0{,}7 \cdot 0{,}7 \cdot 0{,}3 + 0{,}3 \cdot 0{,}3 \cdot 0{,}7 \cdot 0{,}7 = 0{,}1323$

W W S S   S W W S   S S W W

Wie ist es nun?!

Vorteil: Ein Widerspruch hat einen besonderen Reiz auf die Lernenden und regt zum Nachdenken an.

Auflösung
Jan hat nicht berücksichtigt, dass die zwei weißen Kugeln *nacheinander* gezogen werden müssen. Die Formel von Bernoulli erfasst alle möglichen Pfade, also SSWW, SWSW, WSSW, SWWS, WSWS, WWSS. Aber nur bei drei von ihnen (SSWW, SWWS, WWSS) sind die zwei weißen Kugeln aufeinander folgend.

Noras Lösung ist korrekt.

Anmerkung: Da Jan doppelt so viele Pfade hat wie Nora, gilt
$0{,}2646 = 2 \cdot 0{,}1343$

Die Lehrperson hält fest:

Vorsicht, Falle! Die Formel von Bernoulli gilt *nicht*, wenn es *Einschränkungen* gibt. Beispiele für Einschränkungen: erster, letzter, aufeinander folgend.

Vorteil: Die Klasse wurde durch einen lehrreichen Denkfehler sensibilisiert.

Erwartungswert

20

Vorbemerkung: Durch passende Beispiele erfahren die Schülerinnen und Schüler den Sinn des Erwartungswerts. Nach der mathematischen Definition thematisiert die Lehrperson die korrekte Deutung des neuen Begriffs. Es folgen verschiedene Anwendungen. Zum Schluss wird die Formel für den Erwartungswert einer Binomialverteilung von der Klasse teils selbst entdeckt.

20.1 Einführung

Die Überschrift „Erwartungswert" wird erst später an die Tafel geschrieben. Die Lehrperson teilt der Klasse mit, dass sie gemeinsam eine Aufgabe lösen werden, und bittet die Schülerinnen und Schüler darum, eine halbe Seite frei zu lassen, wohin der Text der Aufgabe im Anschluss eingeklebt wird. Die Lehrperson visualisiert das Einführungsbeispiel. Die einzelnen Arbeitsaufträge werden der Klasse einzeln nach und nach gezeigt und sofort gelöst.
Das Einführungsbeispiel wird im Unterrichtsgespräch mit aktiver Beteiligung der Klasse gelöst.

Einführungsbeispiel
Bei einer verbeulten Münze gilt $P(K) = 0{,}1$ und $P(Z) = 0{,}9$, wobei K für Kopf und Z für Zahl steht. Mit dieser Münze wird nun folgendes Spiel gespielt:
Der Spieler zahlt einen Einsatz von 1 € und wirft anschließend die Münze einmal hoch. Fällt Kopf, so bekommt der Spieler 9 € ausbezahlt. Wenn Zahl fällt, geht der Spieler leer aus.

a) Was vermuten Sie:
Ist dieses Spiel für den Spieler vorteilhaft oder eher zum Nachteil?
Was spricht für Ihre Vermutung?

Vorteil: Die Erwartungshaltung der Schülerinnen und Schüler wird zunächst intuitiv untersucht.

Lösung
Es ist damit zu rechnen, dass mehrere Vermutungen formuliert werden. Ansonsten kann die Lehrperson selbst eine Vermutung in den Raum werfen. Anbei einige Möglichkeiten:
Vermutung A: Das Spiel ist für den Spieler vorteilhaft. Dafür spricht, dass er bei Kopf viel mehr erhält (9 €), als er bei Zahl verliert (1 €).

Vermutung B: Das Spiel ist für den Spieler von Nachteil. Dafür spricht, dass er viel häufiger verliert (0,9 entspricht 90 %), als er gewinnt (0,1 entspricht 10 %).

Vermutung C: Das Spiel ist für den Spieler weder von Vorteil noch von Nachteil. Dafür spricht, dass 9 € zwar das Neunfache von 1 € ist aber gleichzeitig 90 % ebenfalls das Neunfache von 10 % ist.

Die Lehrperson lässt auch andere Begründungen zu, schränkt aber deren Anzahl ein. Man hebt Folgendes hervor:

Alle Vermutungen haben ihre eigene Logik. Welcher der drei Aspekte am Ende die Oberhand behält, kann nur eine rechnerische Überprüfung entscheiden.

b) Ermitteln Sie rechnerisch, welcher Gewinn oder Verlust für den Spieler bei 100 Spielen zu erwarten ist.

Lösung

0,9 entspricht 90 % und 0,1 entspricht 10 %. 90 % von 100 sind 90 Spiele und 10 % von 100 sind 10 Spiele. Bei Kopf gewinnt der Spieler nur 8 €, denn den Einsatz von 1 € muss man von den 9 € abziehen.

Bei Kopf: $8\,€ \cdot 10 = 80\,€$

Bei Zahl: $(-1\,€) \cdot 90 = -90\,€$

Insgesamt: $8\,€ \cdot 10 + (-1\,€) \cdot 90 = -10\,€$

Deutung: Es ist also davon auszugehen, dass der Spieler bei 100 Spielen 10 € verliert. Dies bedeutet, dass das Spiel für den Spieler von Nachteil ist.

Vorteil: Die Klasse erlebt, dass ein Rechenweg eine Vermutung bestätigt und die anderen zwei widerlegt.

Die Lehrperson vermeidet mit Absicht Formulierungen wie „Der Spieler hat nach 100 Spielen 10 € verloren." und verwendet stattdessen Ausdrücke wie „Es ist zu erwarten…", „Es ist davon auszugehen…" usw.

c) Ermitteln Sie rechnerisch, welcher Gewinn oder Verlust für den Spieler bei 100 Spielen zu erwarten ist, wenn der Einsatz 0,50 € beträgt. Deuten Sie das Ergebnis.

Lösung

Bei Kopf gewinnt der Spieler diesmal 8,50 €, bei Zahl verliert er 0,50 €.

Bei Kopf: $8{,}50\,€ \cdot 10 = 85\,€$

Bei Zahl: $(-0{,}5\,€) \cdot 90 = -45\,€$

Insgesamt: $8{,}50\,€ \cdot 10 + (-0{,}5\,€) \cdot 90 = 40\,€$

Deutung: Es ist also davon auszugehen, dass der Spieler bei 100 Spielen 40 € gewinnt. Das Spiel ist in diesem Falle für den Spieler vorteilhaft.

Vorteil: Die Klasse erlebt, wie eine kleine Änderung der Angaben zu einem anderen Ergebnis führt.

d) Ermitteln Sie rechnerisch, welcher Gewinn oder Verlust für den Spieler bei 100 Spielen zu erwarten ist, wenn der Einsatz 0,90 € beträgt. Deuten Sie das Ergebnis.

Lösung

Bei Kopf gewinnt der Spieler diesmal 8,10 €, bei Zahl verliert er 0,90 €.

Bei Kopf: $8{,}10\,€ \cdot 10 = 81\,€$

Bei Zahl: $(-0{,}90\,€) \cdot 90 = -81\,€$

Insgesamt: $8{,}10\,€ \cdot 10 + (-0{,}9\,€) \cdot 90 = 0\,€$

Deutung: Es ist also davon auszugehen, dass der Spieler weder gewinnt noch verliert. So gesehen ist das Spiel in diesem Falle ausgeglichen.

Vorteil: Dieses Beispiel bereitet den Boden für den Begriff **faires Spiel**.

e) Ermitteln Sie, welcher Gewinn oder Verlust bei b), c) und d) pro Spiel zu erwarten ist.

Lösung

Bei b): $(-10\,€) : 100 = -\,0{,}10\,€$

Bei c): $40\,€ : 100 = 0{,}40\,€$

Bei d): $0\,€ : 100 = 0\,€$

Die Lehrperson thematisiert nun folgenden Aspekt:

Diese Zahlen kommen bei keinem der einzelnen Spiele vor. Sie sind aber als **Durchschnittswerte** trotzdem sinnvoll.

Beispiel 1: Bei b) wäre bei 1 000 Spielen ein Verlust von $1\,000 \cdot 0{,}10\,€ = 100\,€$ zu erwarten.

Beispiel 2: Bei c) wäre bei 50 Spielen ein Gewinn von $50 \cdot 0{,}40\,€ = 20\,€$ zu erwarten.

Den zu erwartenden Gewinn oder Verlust kann man mithilfe dieser Durchschnittswerte jedes Mal sofort ermitteln, etwas schneller, als dies bei den Lösungen von b), c) und d) der Fall war.

Vorteil: Die Klasse entwickelt ein Gefühl für Anwendungen des Erwartungswerts.

Die Lehrperson teilt der Klasse mit, dass sie einen wichtigen mathematischen Begriff entdeckt hat. Jetzt schreibt sie die Hauptüberschrift „Erwartungswert" an die Tafel.

20.2 Die Definition des Erwartungswerts

Zunächst greift die Lehrperson auf Ergebnisse aus 20.1 zurück. Sie visualisiert der Klasse Folgendes:

Bei b):

8 € · 10 + (–1 €) · 90 = –10 € | : 100

8 € · 0,1 + (–1 €) · 0,9 = –0,1 €

8 € (Kopf)	–1 € (Zahl)
0,1	0,9

Bei c):

8,5 € · 10 + (–0,5 €) · 90 = 40 € | : 100

8,5 € · 0,1 + (–0,5 €) · 0,9 = 0,4 €

8,5 € (Kopf)	–0,5 € (Zahl)
0,1	0,9

Bei d):

8,1 € · 10 + (–0,9 €) · 90 = 0 € | : 100

8,1 € · 0,1 + (–0,9 €) · 0,9 = 0 €

8,1 € (Kopf)	–0,9 € (Zahl)
0,1	0,9

Vorteil: Wenn man die bekannten Gleichungen durch 100 teilt, erhält man Wahrscheinlichkeiten und die bekannten Durchschnittswerte. Durch die Gemeinsamkeiten der fett gedruckten Zeilen liegt die Einführung des Erwartungswertes auf der Hand.

Die Tabellen ermöglichen einen besseren Überblick und bereiten ebenfalls den Boden für den Erwartungswert.

Definition: Den **Erwartungswert** E(X) einer Zufallsvariable X mit

x_1	x_2	...	x_n
$P(x_1)$	$P(x_2)$	...	$P(x_n)$

definiert man als:

$$\mathbf{E(X) = x_1 \cdot P(X_1) + x_2 \cdot P(X_2) + \ldots + x_n \cdot P(X_n)}$$

Vorteil: Der didaktisch entscheidende Aspekt besteht darin, dass die Definition lediglich eine Verallgemeinerung von mehreren bekannten Beispielen darstellt.

Die Lehrperson erwähnt, dass man den Erwartungswert auch mit μ bezeichnen kann.

Merke: Ein Spiel heißt **fair**, wenn der Erwartungswert des Gewinns null ist.

Es folgt eine einfache Aufgabe, die von der Lehrperson erzählt wird. Der Aufgabentext wird nicht schriftlich festgehalten. An die Tafel kommen lediglich der Ausdruck „faire Münze", die Tabelle und die Berechnung des Erwartungswertes. Die Aufgabe wird im Unterrichtsgespräch mit starker Beteiligung der Lernenden gelöst.

Aufgabe

Eine faire Münze wird einmal geworfen. Bei Kopf werden 2 €, bei Zahl 4 € ausbezahlt.

Mit welchem durchschnittlichen Gewinn ist zu rechnen?

a) Geben Sie zunächst einen Tipp ab.
b) Arbeiten Sie mit dem Erwartungswert.

Lösung:
a) Es ist davon auszugehen, dass viele Lernenden diesen Tipp abgeben: 3 €

b) $E(X) = 2 \cdot \frac{1}{2} + 4 \cdot \frac{1}{2} = \frac{2+4}{2} = 3$
Der Tipp wurde durch den Rechenweg bestätigt.

2 € (Kopf)	4 € (Zahl)
$\frac{1}{2}$	$\frac{1}{2}$

Die Lehrperson thematisiert nun folgenden Aspekt:
Der Term $\frac{2+4}{2}$ ist als Mittelwert gut bekannt. Falls jemand in Mathematik eine 2 und eine 4 geschrieben hat, so rechnet man damit aus, auf welcher Note man schriftlich steht.
Merke: Der Erwartungswert ist eine Verallgemeinerung des Mittelwertes.
Vorteil: Dieser Aha-Effekt erhöht die Akzeptanz des neuen Begriffs.

20.3 Über die korrekte Deutung des Erwartungswertes

Das Wort Erwartungswert kann schon aus sprachlichen Gründen falsche Deutungen hervorrufen.
Die Lehrperson greift auf das Einführungsbeispiel aus 20.1 zurück:
Bei einer verbeulten Münze gilt P(K) = 0,1 und P(Z) = 0,9.
Bei b) hat man so argumentiert:
0,9 entspricht 90 % und 0,1 entspricht 10 %. 90 % von 100 sind 90 Spiele und 10 % von 100 sind 10 Spiele.
Damit entstand dann diese Rechnung:
8 € · 10 + (–1 €) · 90 = –10 €
Die Lehrperson thematisiert nun folgenden Aspekt:
Dieser Rechenweg beruht auf der Annahme, dass bei 100 Spielen **genau** 10-mal Kopf und 90-mal Zahl fällt. Dies **kann** sein, **muss** aber **nicht** sein!
Wie die Spiele letztendlich ausgehen, weiß man nicht. Anbei zwei Beispiele:
Beispiel 1: 25-mal fällt Kopf und 75-mal fällt Zahl.
8 € · 25 + (–1 €) · 75 = 125 €
In diesem Falle würde der Spieler 125 € gewinnen.
Beispiel 2: 2-mal fällt Kopf und 98-mal fällt Zahl.
8 € · 2 + (–1 €) · 98 = –82 €
In diesem Falle würde der Spieler 82 € verlieren.
Die Lehrperson wirft nun folgende berechtigte Frage in den Raum:
Was bringt uns E(X) = – 0,10 €, wenn
8 € · 10 + (–1 €) · 90 = –10 €
zwar möglich, aber gar nicht sicher ist?

Anders gefragt:
Was kann man mit einem Ergebnis anfangen, das letztendlich eine Zahl ohne Gewähr ist?
Nach einem Unterrichtsgespräch wird das Wichtigste festgehalten:
Merke: Ein Erwartungswert gibt nur einen **Trend** an und erlaubt **keine genaue Vorhersage**.
Trotzdem ist er **aussagekräftig**. Denn langfristig setzt sich dieser Trend durch.
Die Lehrperson thematisiert nun folgenden Aspekt:
Frage: Wieso geht eine Spielbank nie pleite? Hat sie wohl einen Geheimpakt mit dem Zufall? Wenn ein Spieler eine Glückssträhne hat, kann er ganz viel Geld gewinnen. Und die Spielbank kann mal richtig Pech haben.
In der anschließenden Diskussion können zum Beispiel folgende Aspekte angesprochen werden:

- Bei jedem Spiel ist der Erwartungswert für den Spieler negativ.
- Sogar große Schwankungen sind kurzfristig möglich. Da aber die Spielbank den längeren Atem hat, setzt sie sich langfristig durch und erwirtschaftet Gewinne.
- Der negative Erwartungswert besagt nichts über den Verlauf der einzelnen Abende. Trotzdem ermöglicht er eine zuverlässige Prognose auf lange Sicht, und zwar: Die Spielbank wird mehr gewinnen als verlieren.
- Es gibt keinen „Trick“, mit dem man diesen Trend aufhalten oder überlisten könnte. Je länger ein Spieler spielt, desto mehr wird er verlieren. Wenn er nicht aufhört, wird er irgendwann pleitegehen und sein Leben ruinieren.
- Spielen kann süchtig machen. Dies muss jedem bewusst sein.

Vorteil: Das Beispiel stammt aus dem Alltag. Es hat auch eine pädagogische Komponente, mit mathematischem Hintergrund.

20.4 Anwendungen

Aufgabe 1

a) Beim Roulette landet die Kugel auf einer der Zahlen 0, 1, 2,…, 36. Wenn ein Spieler auf eine bestimmte Zahl gesetzt hat und wenn die Kugel auf dieser Zahl stehen bleibt, bekommt er das 36-fache seines Einsatzes ausgezahlt. Landet die Kugel auf einer anderen Zahl, geht sein Einsatz verloren.
Herr Müller setzt 100 € auf die Zahl 1.

Berechnen Sie den Erwartungswert für den Gewinn und deuten Sie anschließend das Ergebnis.

b) Man kann auch auf Rot oder Schwarz setzen. Die Hälfte der Zahlen 1, 2,…, 36 ist schwarz, die andere Hälfte ist rot. Die Zahl 0 ist grün. Wenn ein Spieler auf die „richtige Farbe" gesetzt hat, erhält er das Doppelte seines Einsatzes ausbezahlt. Ansonsten geht der Einsatz verloren.
Herr Meier setzt 50 € auf Rot.
Berechnen Sie den Erwartungswert für den Gewinn und deuten Sie anschließend das Ergebnis.

Lösung

a) Es gibt 37 Zahlen und alle sind gleich wahrscheinlich. Die Wahrscheinlichkeit ist somit für jede Zahl $\frac{1}{37}$.

Wenn die Zahl 1 kommt, gewinnt Herr Müller 3 500 € (36 · 100 € – 100 €). Bei allen anderen Zahlen verliert er 100 €. Man fertigt eine Tabelle an:

Zahlen	0	1	2	…	36
Gewinn in €	–100	3 500	–100	…	–100
Wahrscheinlichkeit	$\frac{1}{37}$	$\frac{1}{37}$	$\frac{1}{37}$	…	$\frac{1}{37}$

$$E(X) = (-100) \cdot \frac{1}{37} + 3\,500 \cdot \frac{1}{37} + (-100) \cdot \frac{1}{37} + \ldots + (-100) \cdot \frac{1}{37}$$

$$E(X) = \frac{-100 \cdot 36 + 3\,500}{37} = -\mathbf{\frac{100}{37}} \approx \mathbf{-2{,}70}$$

Deutung: Da der Erwartungswert negativ ist, verliert man langfristig etwa 2,70 € pro Spiel (Durchschnittswert).

b)

Farbe	Rot	Schwarz	Grün
Gewinn in €	50	–50	–50
Wahrscheinlichkeit	$\frac{18}{37}$	$\frac{18}{37}$	$\frac{1}{37}$

$$E(X) = 50 \cdot \frac{18}{37} + (-50) \cdot \frac{18}{37} + (-50) \cdot \frac{1}{37} = -\mathbf{\frac{50}{37}} \approx \mathbf{-1{,}35}$$

Deutung: Es ist damit zu rechnen, dass Herr Meier langfristig verliert, und zwar im Schnitt etwa 1,35 € pro Spiel.
Vorteil: Die Klasse erlebt am Beispiel Roulette, dass Spielerinnen und Spieler langfristig verlieren.

Aufgabe 2

Auf seinem Weg zur Arbeit kommt Herr Fischer an drei Ampeln vorbei. Stehen alle auf Grün, erreicht er sein Ziel in 10 Minuten. Bei Rot verlängert jede Ampel die Fahrtzeit um zwei Minuten.

Die erste Ampel ist in nur einer von drei Fahrten grün, die zweite steht in 80 % aller Fahrten auf Rot und die dritte steht dreimal so oft auf Rot wie auf Grün.

Ermitteln Sie, wie viele Minuten und Sekunden Herr Fischer durchschnittlich für die Strecke braucht.

Vorteil: Die Aufgabe stammt aus dem Alltag.

Lösung

Zunächst ermittelt man die Wahrscheinlichkeiten für die drei Ampeln, auf Rot zu stehen:

Für Ampel eins ist das $\frac{2}{3}$, für Ampel zwei $\frac{4}{5}$ und für Ampel drei $\frac{3}{4}$.

Die Zufallsvariable X bezeichnet nun die Fahrtzeit in Minuten. Damit erhält man:

X	10	12	14	16
P(X)	$\frac{1}{60}$	$\frac{3}{20}$	$\frac{13}{30}$	$\frac{2}{5}$

Nebenrechnungen: $P(X = 10) = \underset{G}{\frac{1}{3}} \cdot \underset{G}{\frac{1}{5}} \cdot \underset{G}{\frac{1}{4}} = \frac{1}{60}$

$$P(X = 12) = \underset{R}{\frac{2}{3}} \cdot \underset{G}{\frac{1}{5}} \cdot \underset{G}{\frac{1}{4}} + \underset{G}{\frac{1}{3}} \cdot \underset{R}{\frac{4}{5}} \cdot \underset{G}{\frac{1}{4}} + \underset{G}{\frac{1}{3}} \cdot \underset{G}{\frac{1}{5}} \cdot \underset{R}{\frac{3}{4}} = \frac{3}{20}$$

$$P(X = 14) = \underset{R}{\frac{2}{3}} \cdot \underset{R}{\frac{4}{5}} \cdot \underset{G}{\frac{1}{4}} + \underset{R}{\frac{2}{3}} \cdot \underset{G}{\frac{1}{5}} \cdot \underset{R}{\frac{3}{4}} + \underset{G}{\frac{1}{3}} \cdot \underset{R}{\frac{4}{5}} \cdot \underset{R}{\frac{3}{4}} = \frac{13}{30}$$

$$P(X = 16) = \underset{R}{\frac{2}{3}} \cdot \underset{R}{\frac{4}{5}} \cdot \underset{R}{\frac{3}{4}} = \frac{2}{5}$$

Für den Erwartungswert ergibt sich:

$$E(X) = 10 \cdot \frac{1}{60} + 12 \cdot \frac{3}{20} + 14 \cdot \frac{13}{30} + 16 \cdot \frac{2}{5} = \frac{433}{30}$$

Oder, umgeformt:

$$\frac{433}{30} = \frac{420 + 13}{30} = \frac{420}{30} + \frac{13}{30} = 14 + \frac{13}{30}$$

Ferner gilt:

$$\frac{13}{30} \text{ Minuten} = \frac{13 \cdot 60}{30} \text{ Sekunden} = 26 \text{ Sekunden}$$

Insgesamt:
14 Minuten und 26 Sekunden
Die durchschnittliche Fahrtzeit beträgt also **14 Minuten und 26 Sekunden**.

Aufgabe 3
Jemand bietet Ihnen folgendes Spiel an: Es wird dreimal hintereinander gewürfelt. Jedes Mal, wenn der Würfel eine 5 oder eine 6 zeigt, wird der eingesetzte Betrag verdoppelt, ansonsten halbiert.
Würden Sie mitspielen? Begründen Sie Ihre Antwort.
Zahlenbeispiele:
Wenn der Betrag 8 € beträgt und wenn man dreimal nacheinander gewinnt (also 5 oder 6 würfelt), erhält man

$$8\,€ \xrightarrow{\cdot 2} 16\,€ \xrightarrow{\cdot 2} 32\,€ \xrightarrow{\cdot 2} \mathbf{64\,€}.$$

Würde man dreimal verlieren, erhielte man

$$8\,€ \xrightarrow{:\,2} 4\,€ \xrightarrow{:\,2} 2\,€ \xrightarrow{:\,2} \mathbf{1\,€}.$$

Würde man gewinnen, verlieren und gewinnen, wären es

$$8\,€ \xrightarrow{\cdot 2} 16\,€ \xrightarrow{:\,2} 8\,€ \xrightarrow{\cdot 2} \mathbf{16\,€} \text{ usw.}$$

Lösung
Die Zufallsvariable X bezeichnet, auf welchen Teil der eingesetzte Betrag gesunken bzw. angewachsen ist.
1 entspricht dem Einsatz (als Einheit). Damit ergibt sich:

X	$\frac{1}{8}$	$\frac{1}{2}$	2	8
P(X)	$\frac{8}{27}$	$\frac{4}{9}$	$\frac{2}{9}$	$\frac{1}{27}$

Nebenrechnungen: Bei den einzelnen Würfen gewinnt man, wenn 5 oder 6 fällt, ansonsten verliert man.
Wenn G Gewinn und V Verlust bezeichnet, dann gilt für jeden Wurf

$P(G) = \frac{2}{6} = \frac{1}{3}$ und $P(V) = \frac{4}{6} = \frac{2}{3}$.

Da dreimal gewürfelt wird, ergeben sich folgende Fälle:
1. Fall: Man gewinnt kein einziges Mal. In diesem Falle wird der Einsatz dreimal halbiert, d. h., insgesamt schrumpft er auf ein Achtel.

$$P\left(X = \frac{1}{8}\right) = \frac{2}{3} \cdot \frac{2}{3} \cdot \frac{2}{3} = \frac{8}{27}$$

2. Fall: Man gewinnt einmal. In diesem Falle wird der Einsatz einmal verdoppelt und zweimal halbiert, also insgesamt schrumpft er auf die Hälfte.

$$P\left(X=\frac{1}{2}\right)=\underset{G}{\frac{1}{3}}\cdot\underset{V}{\frac{2}{3}}\cdot\underset{V}{\frac{2}{3}}+\underset{V}{\frac{2}{3}}\cdot\underset{G}{\frac{1}{3}}\cdot\underset{V}{\frac{2}{3}}+\underset{V}{\frac{2}{3}}\cdot\underset{V}{\frac{2}{3}}\cdot\underset{G}{\frac{1}{3}}=\frac{4}{9}$$

3. Fall: Man gewinnt zweimal. In diesem Falle wird der Einsatz zweimal verdoppelt und einmal halbiert, also insgesamt wächst er auf das Zweifache.

$$P(X=2)=\underset{G}{\frac{1}{3}}\cdot\underset{G}{\frac{1}{3}}\cdot\underset{V}{\frac{2}{3}}+\underset{G}{\frac{1}{3}}\cdot\underset{V}{\frac{2}{3}}\cdot\underset{G}{\frac{1}{3}}+\underset{V}{\frac{2}{3}}\cdot\underset{G}{\frac{1}{3}}\cdot\underset{G}{\frac{1}{3}}=\frac{2}{9}$$

4. Fall: Man gewinnt dreimal. In diesem Falle wird der Einsatz dreimal verdoppelt, also insgesamt wächst er auf das Achtfache.

$$P(X=8)=\frac{1}{3}\cdot\frac{1}{3}\cdot\frac{1}{3}=\frac{1}{27}$$

Für den Erwartungswert gilt:

$$E(X)=\frac{1}{8}\cdot\frac{8}{27}+\frac{1}{2}\cdot\frac{4}{9}+2\cdot\frac{2}{9}+8\cdot\frac{1}{27}=1$$

Deutung: Es ist zu erwarten, dass man langfristig pro Spiel so viel gewinnt, wie man eingesetzt hat. Das Spiel ist also fair. Da demnach langfristig kein Verlust zu erwarten ist, kann man mitspielen.
Vorteil: Die Klasse erfährt eine andere Bedingung für ein **faires Spiel**: Der Erwartungswert ergibt den Einsatz.

20.5 Erwartungswert einer Binomialverteilung

Manchen Schülerinnen und Schülern erscheint es so, als gäbe es zwei Erwartungswerte. Der eine gilt bei einer Tabelle mit der Definition, der andere bei einer Binomialverteilung, mit einer anderen Formel. Die Lehrperson zeigt der Klasse, dass der Erwartungswert einer Binomialverteilung ein Sonderfall des definierten Erwartungswertes darstellt.

Aufgabe 4

Eine faire Münze wird viermal geworfen. X bezeichnet, wie oft Kopf fällt. Berechnen Sie den Erwartungswert E(X).

Lösung

X kann die Werte 0, 1, 2, 3 und 4 annehmen.
Die einzelnen Wahrscheinlichkeiten kann man mit dem Taschenrechner ermitteln.

Es entsteht folgende Wahrscheinlichkeitsverteilung:

0	1	2	3	4
0,0625	0,25	0,375	0,25	0,0625

$E(X) = 0 \cdot 0{,}0625 + 1 \cdot 0{,}25 + 2 \cdot 0{,}375 + 3 \cdot 0{,}25 + 4 \cdot 0{,}0625$
Der Taschenrechner liefert:
$E(X) = 2$

Bei dieser Binomialverteilung ist $n = 4$ und $p = \frac{1}{2}$

Die Lehrperson stellt nun der Klasse folgende Frage:

Wie kann man mithilfe von 4 und $\frac{1}{2}$ den Erwartungswert 2 erhalten?

Es ist damit zu rechnen, dass viele Schülerinnen und Schüler den Zusammenhang sofort entdecken:

$2 = 4 \cdot \frac{1}{2}$

Vorteil: Die Klasse hat eine Regel an einem Beispiel selbst entdeckt.
Die Lehrperson teilt der Klasse mit, dass sie eine allgemeinere Regel entdeckt haben.
Satz: Bei einer Binomialverteilung $B_{n,p}$ gilt: $\mu = n \cdot p$
Die Lehrperson betont:
Diese einfache Formel kann man bei Binomialverteilungen stets sofort anwenden.
Im Hintergrund steckt aber der in 20.2 definierte Erwartungswert.
Vorteil: Die Klasse hat an Aufgabe 4 gesehen, dass die Definition und die Formel dasselbe Ergebnis liefern.

21 Testen von Hypothesen

Vorbemerkung: Die Lernenden sind gewohnt, dass man in der Mathematik herausfinden kann, ob etwas zutrifft oder nicht. Bei Hypothesentests hingegen gibt es eine bleibende Ungewissheit, die man nicht auflösen kann. Man erarbeitet Entscheidungsregeln und wendet sie an, ohne genau zu wissen, was in Wirklichkeit zutrifft. Zu erkennen, warum diese Vorgehensweise in bestimmten Situationen trotzdem sinnvoll und sogar erforderlich ist, setzt eine neue Art des Denkens voraus. Ein mathematisch korrekter, aber zu steiler Einstieg wäre nicht zielführend. Der vorliegende Unterrichtsvorschlag besteht daher aus mehreren kleinen Schritten.

21.1 Einführung

Die Lehrperson stellt der Klasse folgende Frage:

Frage 1:
Eine Münze wird 100-mal geworfen und es fällt 35-mal Kopf. Ist die Münze fair oder nicht?!
In einem Unterrichtsgespräch klärt man unter anderem ab:
Bei einer fairen Münze ist der Erwartungswert 50. Da 35 von 50 ziemlich stark abweicht, spricht dies dafür, dass die Münze nicht fair ist. Man weiß es aber nicht! Denn auch bei einer fairen Münze ist denkbar, dass bei 100 Würfen lediglich 35-mal Kopf fällt. Dies ist jedoch ziemlich unwahrscheinlich. Es ist aber trotzdem möglich.
Die Klasse ist bereits dabei, über ihre Vermutungen zu diskutieren. Dies kann sich für einige der Lernenden als nicht zufriedenstellend erweisen. Daher stellt die Lehrperson jetzt folgende Frage:

Frage 2:
Eine Münze wird 100-mal geworfen und es fällt 35-mal Kopf. Worauf würden Sie eher wetten:
„Die Münze ist fair.“ *oder* „Die Münze ist nicht fair.“
Begründen Sie Ihre Entscheidung!
Vorteil: Wetten sind Beispiele aus dem Alltag. Man schließt eine Wette dann ab, wenn man **nicht weiß**, wie es ist. Man überlegt sich aber schon, welche Gewinnchancen man hätte. Wesentliche Aspekte von Hypothesentests werden damit erfasst: Man handelt trotz Ungewissheit. Man hat Anhaltspunkte und Argumente dafür, eine bestimmte Wette abzuschließen – oder auch nicht.

Es ist davon auszugehen, dass eine Mehrheit der Lernenden darauf wetten würde, dass die Münze nicht fair ist. Eine mögliche Begründung ist, dass dies viel wahrscheinlicher ist.
Durch Berechnung von Wahrscheinlichkeiten werden jetzt bestimmte Aspekte mathematisch erfasst.

Frage 3:
Eine Münze wird 100-mal geworfen und es fällt höchstens 35-mal Kopf.
Jemand wettet darauf, dass die Münze nicht fair ist.
Mit welcher Wahrscheinlichkeit verliert er die Wette?

Lösung
Die Lehrperson bespricht mit der Klasse: Es müssen zwei Bedingungen erfüllt werden, damit man die Wette verliert: Es fallen höchstens 35-mal Kopf *und* die Münze ist fair.
X sei die Anzahl der Würfe mit dem Ergebnis Kopf.
X ist binomialverteilt mit $n = 100$ und $p = 0{,}5$.
Für diese Situation berechnet man nun mithilfe der Binomialverteilung die Wahrscheinlichkeit:
$P(X \leq 35 \mid B_{100;0,5}) \approx 0{,}00175$ also etwa 0,17 %
Die Lehrperson fasst zusammen: Es sind höchstens 35-mal Kopf gefallen *und* die Münze war fair. Jemand wettete jedoch darauf, dass wenn bei 100 Würfen höchstens 35-mal Kopf fällt, dann ist die Münze *nicht* fair. Dies bedeutet:
In diesem Fall verliert man die Wette mit einer Wahrscheinlichkeit von etwa 0,17 %.
Das Hinschreiben der Binomialverteilung $B_{100;0,5}$ als Ist-Stand dient zum besseren Verständnis.
Die Wahrscheinlichkeit, die Wette zu verlieren, ist mit etwa 0,17 % sehr gering.
Vorteil: Die Klasse erlebt, wie man eine Entscheidung mathematisch beschreiben kann. Das geringe Risiko, die Wette zu verlieren spricht dafür, diese Wette einzugehen.
Es folgen Variationen zu Frage 3.

Frage 4:
Eine Münze wird 100-mal geworfen und es fällt höchstens 40-mal Kopf.
Jemand wettet darauf, dass die Münze nicht fair ist.
Mit welcher Wahrscheinlichkeit verliert er die Wette?

Lösung
Die Lösung wird diesmal nur kurz dargestellt, das Vorgehen entspricht dem in der Lösung zu Frage 3.
$P(X \leq 40 \mid B_{100;0,5}) \approx 0{,}0284$ also etwa 2,84 %
Vorteil: Diese Beispiele bereiten den Boden für die Begriffe **Irrtumswahrscheinlichkeit** und **Ablehnungsbereich**.

Frage 5:
Eine Münze wird 100-mal geworfen und es fällt höchstens 45-mal Kopf. Jemand wettet darauf, dass die Münze nicht fair ist.
Mit welcher Wahrscheinlichkeit verliert er die Wette?

Lösung
Die Lösung wird diesmal nur kurz dargestellt, das Vorgehen entspricht dem in der Lösung zu Frage 3.
$P(X \leq 45 \mid B_{100;0,5}) \approx 0{,}1841$ also etwa 18,41 %

Frage 6:
Eine Münze wird 100-mal geworfen und es fällt höchstens 49-mal Kopf. Jemand wettet darauf, dass die Münze nicht fair ist.
Mit welcher Wahrscheinlichkeit verliert er die Wette?

Lösung
Die Lösung wird diesmal nur kurz dargestellt, das Vorgehen entspricht dem in der Lösung zu Frage 3.
$P(X \leq 49 \mid B_{100;0,5}) \approx 0{,}4602$ also etwa 46 %
Die Lehrperson klärt in einem Unterrichtsgespräch ab:
Die Wahrscheinlichkeit, die Wette zu verlieren, ist von 0,17 % bis 46 % sehr unterschiedlich. Sie bietet aber einen entscheidenden Anhaltspunkt dafür, ob man eine bestimmte Wette abschließen soll oder nicht.
Vorteil: Diese Beispiele bereiten den Boden für die Entscheidungsregeln.
Die Lehrperson spricht nun einen Aspekt allgemeiner an:
Man muss ab und zu auch dann handeln, wenn sich Irrtum nicht ganz vermeiden lässt. Es bieten sich Beispiele aus dem Alltag sowie aus der Wirtschaft oder aus der Politik an. Es ist aber nicht egal, mit welcher Wahrscheinlichkeit man auf die Nase fällt, indem man eine Entscheidung trifft, die sich letztendlich als falsch erweist.
Nach diesen Vorbereitungen ist die Zeit reif, den linksseitigen Test einzuführen.

21.2 Linksseitiger Test

Bei Würfen mit einer Münze fallen ziemlich wenig Köpfe. Dies deutet darauf hin, dass die Münze nicht fair sein könnte. Man kann sich aber auch irren.

Aufgabe 1

Eine Münze wird 100-mal geworfen. Bei höchstens wie vielen Köpfen sollte man davon ausgehen, dass die Münze nicht fair ist, wenn man die Wahrscheinlichkeit, sich dabei zu irren, auf höchstens 5 % begrenzen möchte?

Vorteil: Man greift auf die Beispiele von 21.1 zurück. Es erfolgt ein „Rückwärtsdenken". Die Wahrscheinlichkeit 5 % ist bekannt, gesucht ist diesmal die größte Anzahl der Würfe mit dem Ergebnis Kopf, für die die Wahrscheinlichkeit kleiner als 5 % ist.

Lösung

Es gibt zwei Möglichkeiten:
H_0: Die Münze ist fair, also $p = 0,5$
H_1: Die Münze ist nicht fair, indem $p < 0,5$
Die Bezeichnungen **Nullhypothese** (H_0) und **Alternativhypothese** (H_1) werden erläutert. Da ziemlich wenig Köpfe fallen, wird für die Alternativhypothese $p < 0,5$ gewählt.
X sei die Anzahl der Würfe mit dem Ergebnis Kopf.
Gesucht ist die größte natürliche Zahl g, für die gilt:
$P(X \leq g \mid B_{100;0,5}) < 0,05$
Die Lehrperson verweist auf die Beispiele von 21.1. Aus den Antworten auf die Fragen 4 und 5 folgt, dass die gesuchte Zahl zwischen 40 und 45 liegen muss. Die Klasse kann also diesmal sehr gezielt probieren.
$P(X \leq 41 \mid B_{100;0,5}) \approx 0,0443$ ist kleiner als 0,05.
$P(X \leq 42 \mid B_{100;0,5}) \approx 0,0667$ ist nicht kleiner als 0,05.
Die gesuchte Zahl ist $g = 41$.
Bei höchstens 41-mal das Ergebnis Kopf geht man davon aus, dass die Münze nicht fair ist, wenn man die Wahrscheinlichkeit, sich dabei zu irren, auf höchstens 5 % begrenzen möchte.
Die Begriffe **Grenze** und **Ablehnungsbereich** werden erläutert.
$g = 41$ und $A = \{0, 1, \ldots, 41\}$
Die Lehrperson betont: Die Grenze liegt stets im Ablehnungsbereich.
Die Lehrperson stellt nun folgende Fangfrage:
Wenn 30 Köpfe fallen, ist H_0 richtig oder falsch?
In einem Unterrichtsgespräch klärt man ab:

Man weiß es **nicht**! Trotz dieser Ungewissheit kann man aber sinnvolle Entscheidungen treffen.
Die Lehrperson betont: Aussagen wie „Die Münze ist fair." sowie „Die Münze ist nicht fair." sind grundsätzlich falsch, da man nicht weiß, ob H_0 oder H_1 zutrifft.
Der Begriff **Entscheidungsregel** wird erläutert.
Bei weniger als 42 Köpfen wird H_0 verworfen. Man geht also davon aus, dass die Münze nicht fair ist. Ansonsten, also bei mindestens 42 Köpfen, kann H_0 nicht verworfen werden.
Zahlenbeispiel 1:
Es fallen 30 Köpfe. In diesem Fall wird H_0 verworfen. Man geht daher von H_1 aus.
Zahlenbeispiel 2:
Es fallen 55 Köpfe. In diesem Fall kann man H_0 nicht verwerfen.
Der Begriff **Signifikanzniveau** wird erläutert.
Die **Irrtumswahrscheinlichkeit** ist jene Wahrscheinlichkeit, mit der man H_0 ablehnt, obwohl H_0 zutrifft.
Man lehnt H_0 ab, wenn höchstens 41 Köpfe fallen. Man irrt sich dabei, wenn in Wirklichkeit $p = 0{,}5$ ist.
$P(X \leq 41 \mid B_{100;0,5}) \approx 0{,}0443$
Die Irrtumswahrscheinlichkeit bei Aufgabe 1 beträgt also etwa 4,43 %.
Die Lehrperson betont:
Die obige Rechnung kam schon bei der Ermittlung der Grenze vor. Der Wert 4,43 % ist kleiner als 5 % und es muss ja so sein, weil man 5 % im Vorfeld als Signifikanzniveau festlegte. Es kommt jedoch selten vor, dass eine Wahrscheinlichkeit genau 5 % ist.

Aufgabe 2
Bei Aufgabe 1 beträgt die Wahrscheinlichkeit für Kopf in Wirklichkeit $p = 0{,}45$. Es fallen aber mehr als 41 Köpfe und man lehnt daher H_0 nicht ab.
Ermitteln Sie, mit welcher Wahrscheinlichkeit man diese Fehlentscheidung trifft.

Lösung
$P(X > 41 \mid B_{100;0,45}) = 1 - P(X \leq 41 \mid B_{100;0,45}) \approx 1 - 0{,}2415 \approx 0{,}7585$
Antwort: Diese Fehlentscheidung trifft man mit der Wahrscheinlichkeit von gut 75 %.
Vorteil: Aufgabe 2 bereitet den Boden für den **Fehler 2. Art** vor.
Die Lehrperson klärt in einem Unterrichtsgespräch ab:

Es wäre doch absurd, alle Risiken des Lebens durch mathematische Tricks zu minimieren. Bestimmte Risiken kann man einschränken, andere muss man aber dafür im Kauf nehmen. Bei Entscheidungsfindungen spielt eine wichtige Rolle, welche Risiken man geringhalten möchte.

21.3 Rechtsseitiger Test

Da der linksseitige Test ausführlich besprochen wurde, kann man hier schneller vorankommen.
Es fällt verdächtig oft das Ergebnis Kopf. Dies deutet darauf hin, dass die Münze nicht fair sein könnte. Man kann sich aber auch irren.

Aufgabe 3
Eine Münze wird 100-mal geworfen. Bei mindestens wie vielen Köpfen sollte man davon ausgehen, dass die Münze nicht fair ist, wenn man die Wahrscheinlichkeit, sich dabei zu irren, auf höchstens 2 % begrenzen möchte?

Lösung
Es wird mündlich besprochen: Wenn zum Beispiel 85 oder 90 oder 77 Köpfe fallen, dann spricht dies gegen H_0. Der Ablehnungsbereich hat diesmal die Form $A = \{g, g + 1, \ldots, 100\}$.
H_0: $p = 0{,}5$
H_1: $p > 0{,}5$
Da auffällig viele Köpfe fallen, gilt $p > 0{,}5$ bei H_1.
X sei die Anzahl der Köpfe.
Gesucht ist die kleinste natürliche Zahl g, für die gilt:
$P(X \geq g \mid B_{100;0,5}) \leq 0{,}02$
Mit der Gegenwahrscheinlichkeit folgt:
$1 - P(X \leq g - 1 \mid B_{100;0,5}) \leq 0{,}02 \quad |-1$
$-P(X \leq g - 1 \mid B_{100;0,5}) \leq -0{,}98 \quad |\cdot(-1) < 0$
$P(X \leq g - 1 \mid B_{100;0,5}) \geq 0{,}98$
Um g zu ermitteln, arbeitet man mit **systematischem Probieren**.
$g = 55 \rightarrow P(X \leq 54 \mid B_{100;0,5}) \approx 0{,}8159$ ist zu klein
Da die Abweichung von 0,98 schon groß ist, macht man größere „Sprünge".
$g = 80 \rightarrow P(X \leq 79 \mid B_{100;0,5}) \approx 0{,}9999$ ist in Vergleich zu 0,98 viel zu groß.
$g = 60 \rightarrow P(X \leq 59 \mid B_{100;0,5}) \approx 0{,}9716$ ist gerade noch kleiner als 0,98.
$g = 61 \rightarrow P(X \leq 60 \mid B_{100;0,5}) \approx 0{,}9824$ ist bereits größer als 0,98.
Die gesuchte Grenze lautet daher 61, der Ablehnungsbereich ist $A = \{61, 62, \ldots, 100\}$.

Deutung: Wenn mindestens 61-mal Kopf gefallen ist, wird H_0 verworfen. Man geht dann davon aus, dass die Münze nicht fair ist. Ansonsten kann man H_0 nicht verwerfen.
Die Lehrperson stellt nun folgende Fangfrage:
Wenn 40 Köpfe fallen, ist H_0 oder H_1 richtig?
Die korrekte Antwort ist: Man weiß es **nicht**! Trotzdem kann man sinnvolle Entscheidungsregeln aufstellen.
Zahlenbeispiel 1:
Es fallen 40 Köpfe. In diesem Fall kann man H_0 nicht verwerfen.
Zahlenbeispiel 2:
Es fallen 70 Köpfe. In diesem Fall wird H_0 verworfen. Man geht daher von H_1 aus. Die Wahrscheinlichkeit, sich dabei zu irren ist höchstens 2 %.

Aufgabe 4
Bei Aufgabe 3 beträgt die Wahrscheinlichkeit für Kopf $p = 0{,}6$. Es fallen aber weniger als 61 Köpfe und man lehnt daher H_0 nicht ab.
Ermitteln Sie, mit welcher Wahrscheinlichkeit man diese Fehlentscheidung trifft.

Lösung
$P(X < 61 \mid B_{100;0,6}) = P(X \leq 60 \mid B_{100;0,6}) \approx 0{,}5379$
Antwort: Diese Fehlentscheidung trifft man mit der Wahrscheinlichkeit von etwa 53,79 %.
Vorteil: Aufgabe 4 bereitet den Boden für den **Fehler 2. Art**.

21.4 Zweiseitiger Test

Da die Rechentechniken bei den linksseitigen und rechtsseitigen Tests bereits bekannt sind, kann man diesen Punkt zügig durchnehmen.
Es fallen mal ganz viele, mal ganz wenige Köpfe. Es gibt keinen erkennbaren Trend. Die großen Schwankungen deuten darauf hin, dass die Münze vermutlich nicht fair ist.

Aufgabe 5
Eine Münze wird 100-mal geworfen. Wie oft müsste das Ergebnis Kopf fallen, sodass man davon ausgehen sollte, dass die Münze nicht fair ist, wenn man die Wahrscheinlichkeit, sich dabei zu irren, auf höchstens 5 % begrenzen möchte?

Lösung
H_0: $p = 0{,}5$
H_1: $p \neq 0{,}5$

Der Ablehnungsbereich befindet sich sowohl am linken als auch am rechten Rand, da $p \neq 0{,}5$ sowohl $p < 0\ 5$ als auch $p > 0{,}5$ bedeuten kann.
Das Signifikanzniveau wird laut Vereinbarung durch 2 geteilt.
5 % : 2 = 2,5 %.
X sei die Anzahl der Würfe mit dem Ergebnis Kopf.
Die zwei Grenzen ermittelt man getrennt.
Linke Grenze
$P(X \leq 39 \mid B_{100;0,5}) \approx 0{,}0176$ ist kleiner als 0,025.
$P(X \leq 40 \mid B_{100;0,5}) \approx 0{,}0284$ ist nicht kleiner als 0,025.
Die linke Grenze ist $g_l = 39$.
Rechte Grenze
$P(X \geq g \mid B_{100;0,5}) \leq 0{,}025$
$1 - P(X \leq g - 1 \mid B_{100;0,5}) \leq 0{,}025 \quad |-1$
$-P(X \leq g - 1 \mid B_{100;0,5}) \leq -0{,}975 \quad |\cdot(-1) < 0$
$P(X \leq g - 1 \mid B_{100;0,5}) \geq 0{,}975$
$g = 61 \rightarrow P(X \leq 60 \mid B_{100;0,5}) \approx 0{,}9824$
$g = 60 \rightarrow P(X \leq 59 \mid B_{100;0,5}) \approx 0{,}9716$ ist kleiner als 0,975
Die rechte Grenze ist $g_r = 61$.
Der Ablehnungsbereich ist $A = \{0, 1, \ldots, 39\} \cup \{61, 62, \ldots, 100\}$
Entscheidungsregel: Wenn weniger als 40 oder mehr als 60 Köpfe fallen, wird H_0 verworfen. Ansonsten kann man H_0 nicht verwerfen.

21.5 Fehler 1. Art und Fehler 2. Art

Beispiel 1: Pilze sammeln
Jemand sammelt Pilze. Einige werden behalten, andere werden weggeworfen.
Dabei kann man zweierlei Fehler machen:
Ein essbarer Pilz wird weggeworfen.
oder
Ein giftiger Pilz wird nicht weggeworfen.
Vorteil: Das Beispiel ist aus dem Alltag bekannt.
Mit den Hypothesen
H_0: Der Pilz ist essbar.
H_1: Der Pilz ist giftig.
definiert man:
Fehler 1. Art: Die Nullhypothese H_0 wird verworfen, obwohl sie in Wirklichkeit zutrifft.
Fehler 2. Art: Die Nullhypothese H_0 wird nicht verworfen, obwohl sie in Wirklichkeit nicht zutrifft.
Im Einführungsbeispiel gilt:

Fehler 1. Art: Ein Pilz wird weggeworfen, obwohl er essbar ist.
Fehler 2. Art: Ein Pilz wird nicht weggeworfen, obwohl er giftig ist.
Die Lehrperson merkt an: Der Fehler 2. Art kann bei diesem Beispiel gravierende Folge haben.
Nun veranschaulicht man alle denkbaren Fälle.

	H_0 ist richtig	H_0 ist falsch
H_0 wird verworfen	**Fehler 1. Art**	richtig gehandelt
H_0 wird nicht verworfen	richtig gehandelt	**Fehler 2. Art**

Die Wahrscheinlichkeit eines Fehlers 1. Art heißt **Irrtumswahrscheinlichkeit**.
Vorteil: Der Begriff Irrtumswahrscheinlichkeit war der Klasse bereits bekannt. An dieser Stelle hat man ihn in einen breiteren Kontext eingebettet.
Die Lehrperson betont, dass man nicht nur Fehler machen kann, sondern auch richtig handeln kann.
Die Lehrperson bringt nun ein weiteres Beispiel.
Beispiel 2: Test oder kein Test?
In der Klasse geht das Gerücht um, dass die Mathelehrerin einen Test plant. Welche Fehler kann Max machen?
Vorteil: Das Beispiel stammt aus der Lebenswelt der Lernenden.

Lösung
Max lernt nicht und der Test kommt.
oder
Max lernt und es kommt kein Test.
Die Lehrperson kann jetzt den Unterricht lockern, indem sie fragt:
Was stimmt bei den obigen Fehlern nicht?
Antwort: Mathe zu lernen ist doch nie ein Fehler!

Aufgabe 6
Es wird ein linksseitiger Test mit der Nullhypothese H_0: $p \geq 0{,}4$ durchgeführt. Der Stichprobenumfang ist 80 und das Signifikanzniveau beträgt 5 %.

1) Bestimmen Sie die Wahrscheinlichkeit α für den Fehler 1. Art.
2) Ermitteln Sie die Wahrscheinlichkeit β für den Fehler 2. Art, falls die tatsächliche Wahrscheinlichkeit p
a) $p = 0{,}3$ **b)** $p = 0{,}35$
beträgt.

Lösung

H_0: $p \geq 0{,}4$

H_1: $p < 0{,}4$

Die Zufallsvariable X beschreibt die Anzahl der Treffer. Sie ist im Extremfall $B_{80;0,4}$ verteilt.

Zunächst ermittelt man den Ablehnungsbereich. Durch **systematisches Probieren** erhält man:

$P(X \leq 24 \mid B_{80;0,4}) \approx 0{,}0417$ ist kleiner als 0,05.

$P(X \leq 25 \mid B_{80;0,4}) \approx 0{,}0675$ ist nicht kleiner als 0,05.

Damit ist $g = 24$ und $A = \{0, 1, \ldots, 24\}$

1) H_0 irrtümlich ablehnen bedeutet: H_0 trifft zu, obwohl es nur höchstens 24 Treffer gibt. Damit folgt:

$\alpha = P(X \leq 24 \mid B_{80;0,4}) \approx 0{,}0417$

Die Lehrperson verweist darauf, dass diese Wahrscheinlichkeit bereits bei der Ermittlung der Grenze vorkommt und bespricht mit der Klasse, warum dies kein Zufall ist.

Vorteil: Die Klasse erkennt einen Zusammenhang zwischen Fehler 1. Art und Grenze.

2) a) H_0 irrtümlich nicht ablehnen bedeutet in diesem Fall: Wegen $p = 0{,}3$ trifft H_0 nicht zu und es gibt mehr als 24 Treffer. Damit folgt:

$\beta = P(X > 24 \mid B_{80;0,3}) = 1 - P(X \leq 24 \mid B_{80;0,3}) \approx 1 - 0{,}5549 \approx 0{,}4451$

b) H_0 irrtümlich nicht ablehnen bedeutet in diesem Fall: Wegen $p = 0{,}35$ trifft H_0 nicht zu und es gibt mehr als 24 Treffer. Damit folgt:

$\beta = P(X > 24 \mid B_{80;0,35}) = 1 - P(X \leq 24 \mid B_{80;0,35}) \approx 1 - 0{,}2072 \approx 0{,}7928$

Vorteil: Die Klasse erlebt, dass für die Wahrscheinlichkeit eines Fehlers 2. Artes unterschiedliche Werte möglich sind.

Der Lehrer klärt in einem Unterrichtsgespräch ab:

Beachte: Die Wahrscheinlichkeit eines Fehlers 1. Artes ist eindeutig. Diesen Fehler hat man im Griff, indem man das Signifikanzniveau festlegt. Man spricht von einem **kalkulierbaren Risiko**.

Die Wahrscheinlichkeit eines Fehlers 2. Artes ist hingegen nicht eindeutig. Diesen Fehler kann man nur dann ermitteln, wenn man die tatsächliche Wahrscheinlichkeit p kennt. Darauf hat man jedoch in der Regel keinen Einfluss. Man spricht daher von einem **unkalkulierbaren Risiko**.

Anmerkung: Würde man p kennen, wäre ein Hypothesentest unnötig!

Aufgabe 7

Es wird ein rechtsseitiger Test mit der Nullhypothese H_0: $p \leq 0{,}7$ durchgeführt. Der Stichprobenumfang ist 200, das Signifikanzniveau beträgt 2 % und der Ablehnungsbereich ist $A = \{154, 155, \ldots, 200\}$.

1) Bestimmen Sie die Wahrscheinlichkeit α für den Fehler 1. Art.

2) Ermitteln Sie die Wahrscheinlichkeit β für den Fehler 2. Art, falls die tatsächliche Wahrscheinlichkeit p

a) $p = 0{,}71$ **b)** $p = 0{,}85$

beträgt.

Vorteil: Dadurch, dass der Ablehnungsbereich bekannt ist, kann sich die Klasse direkt auf die Berechnung der Wahrscheinlichkeiten für den Fehler 1. und 2. Art konzentrieren.

Lösung

Die Zufallsvariable X beschreibt die Anzahl der Treffer. Sie ist im Extremfall $B_{200;0,7}$ verteilt.

1) H_0 irrtümlich ablehnen bedeutet: H_0 trifft zu, obwohl es mindestens 154 Treffer gibt. Damit folgt:

$\alpha = P(X \geq 154 \mid B_{200;0,7}) = 1 - P(X \leq 153 \mid B_{200;0,7}) \approx 1 - 0{,}9831 \approx 0{,}0169$

2) a) H_0 irrtümlich nicht ablehnen bedeutet in diesem Fall: Wegen $p = 0{,}71$ trifft H_0 nicht zu und es gibt weniger als 154 Treffer. Damit folgt:

$\beta = P(X < 154 \mid B_{200;0,71}) = P(X \leq 153 \mid B_{200;0,71}) \approx 0{,}9656 \approx 96{,}56\ \%$

b) H_0 irrtümlich nicht ablehnen bedeutet in diesem Fall: Wegen $p = 0{,}85$ trifft H_0 nicht zu und es gibt weniger als 154 Treffer. Damit folgt:

$\beta = P(X < 154 \mid B_{200;0,85}) = P(X \leq 153 \mid B_{200;0,85}) \approx 0{,}001 \approx 0{,}1\ \%$

Vorteil: Die Klasse erlebt, dass die Wahrscheinlichkeit für den Fehler 2. Art sowohl extrem hoch als auch ganz gering sein kann.

Normalverteilung

22

Vorbemerkung: Dieser Unterrichtsvorschlag bietet die Möglichkeit, das Thema in Form eines Dialogs zwischen der Lehrperson und seinem Kurs einzuführen. Die Lehrperson geht dabei von einem Beispiel aus, das nach und nach zur Normalverteilung führt. Die Lernenden gestalten den Dialog aktiv mit. Anstatt nur Fragen zu beantworten, können sie selbst Fragen stellen sowie auch eigene Ideen einbringen.
Jede Lehrperson kann den Gedankengang natürlich in veränderter Form präsentieren, in dem er beliebig viele Schülerbeiträge selbst formuliert.
Dieses Kapitel setzt die Binomialverteilung voraus.

22.1 Einführung in die Normalverteilung

Lehrerin: *Betrachten wir die Verteilung der Zeugnisnoten im Fach Mathematik in der Oberstufe im Leistungsfach. Man könnte diese so veranschaulichen:*

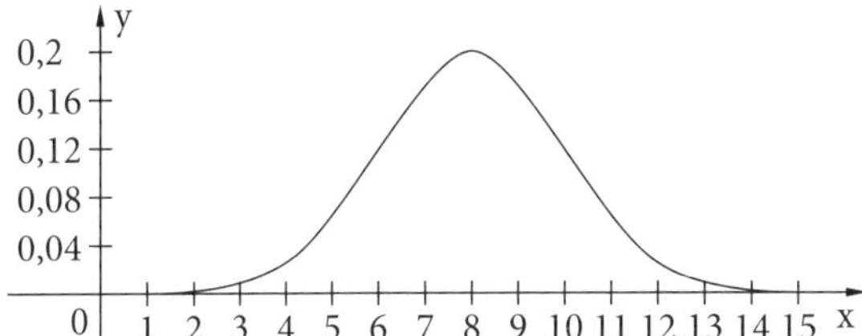

Vorteil: Das Beispiel ist aus dem Schulalltag.

Diese Kurve heißt ***Gaußglocke*** *und hat viele Anwendungen im Alltag. Die Auswertung von Daten ergab: Die häufigste Note war 8 NP. Die meisten Zeugnisnoten sind von den 8 NP höchstens 2 NP entfernt. Weiter entfernte Noten gibt es auch, aber deutlich weniger. Anschaulich:*

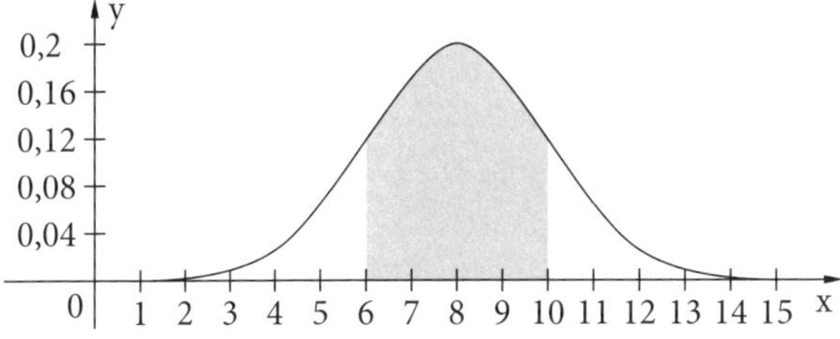

Charly: *Zeugnisnoten sind aber ganze Zahlen. Warum haben Sie den ganzen Bereich zwischen 6 und 10 schraffiert?*

Lehrerin: *Der Einwand ist berechtigt. Die Zeugnisnoten entstehen, indem man zunächst bei allen Schülerinnen und Schülern ausrechnet, auf welcher Note sie stehen, mit vielen Dezimalen. Zwischen den ganzen Zahlen erscheinen also viele, viele Dezimalzahlen. So betrachtet, ergibt die obige Veranschaulichung durchaus Sinn.*

Charlix: *Welcher Funktionsterm hat als Graph diese Gaußglocke?*

Lehrerin: *Der Term lautet:* $f(x) = \frac{1}{\mathbf{2}\sqrt{2\pi}} \cdot e^{-\frac{(x-\mathbf{8})^2}{2 \cdot \mathbf{2}^2}}$. *Er stammt vom deutschen Mathematiker Gauß.*

Charly: *Warum haben Sie* $2 \cdot 2^2$ *nicht ausgerechnet? Komisch...*

Lehrerin: *Ich wollte die Struktur der Formel mit ihren relevanten Parametern beibehalten. Bei* $x = \mathbf{8}$ *liegt der Hochpunkt. Man sagt: Der* ***Erwartungswert*** *der Normalverteilung ist* $\mu = \mathbf{8}$.

Charlix: *Und was bedeutet die* ***2****?*

Lehrerin: *Die* ***2*** *ist die durchschnittliche Abweichung vom Erwartungswert* $\mu = 8$. *Man sagt: Die* ***Standardabweichung*** *der Normalverteilung ist* $\sigma = 2$.

Charlix: *Wie könnte man den allgemeinen Term einer Normalverteilung definieren?*

Lehrerin: *Folgendermaßen:* $f(x) = \frac{1}{\sigma\sqrt{2\pi}} \cdot e^{-\frac{(x-\mu)^2}{2 \cdot \sigma^2}}$. μ *ist der* ***Erwartungswert****,* σ *die* ***Standardabweichung****.*
Jeder Term dieser Form hat als Graph eine ***Gaußglocke****.*

Charles: *Könnten wir bitte zu den Zeugnisnoten zurückkehren? Diese sind nun mal ganze Zahlen.*

Charlix: *Die Zeugnisnoten werden durch eine Binomialverteilung beschrieben. Anschaulich ein Histogramm.*

Lehrerin: *Bei* $B_{n;\,p}$ *ist ja die Kettenlänge* $n = 15$. *Was ist aber* p*?*

Charly: *Dazu haben wir keine Angaben, oder?!*

Lehrerin: *Wir könnten am Erwartungswert ansetzen. Übernehmen wir doch* $\mu = 8$ *auch für die Binomialverteilung!*
Hier gilt $\mu = n \cdot p$. *Wie geht es weiter?*

Vorteil: Die Lernenden finden einen Zusammenhang zwischen Normalverteilung und Binomialverteilung.

Charlo: *Aus 8 = 15p folgt* $p = \frac{8}{15}$*. Damit ist die Binomialverteilung* $B_{15;\frac{8}{15}}$.

Lehrerin: *Wir betrachten diese Binomialverteilung als Modell.*

Charlene: *Und wie sieht es anschaulich aus? Was ist das Histogramm?*

Lehrerin: *Mit dem Rechner kann man die einzelnen Wahrscheinlichkeiten berechnen. Es entsteht das Histogramm:*

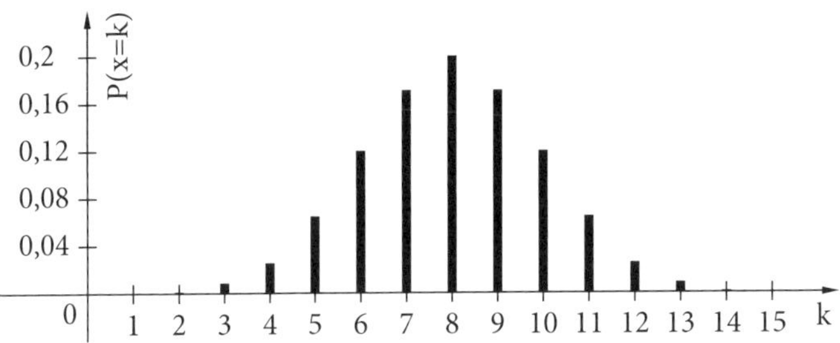

Charlene: *Die Kurve von Gauß gefiel mir irgendwie besser. Schade, dass sie weg ist.*

Lehrerin: *Die Gaußglocke könnte man aber im Histogramm einzeichnen.*

Charly: *Meinen Sie Punkte verbinden?*

Charlix: *Eigentlich die Spitzen der Balken verbinden, glaube ich:*

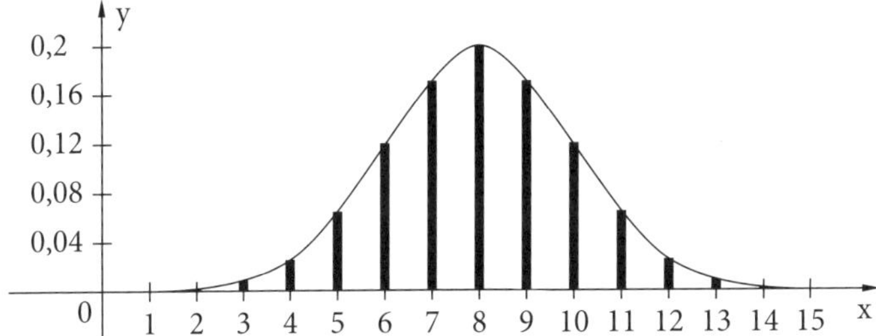

Vorteil: Die Lernenden sehen ein Histogramm und eine Gaußglocke gemeinsam veranschaulicht.

Charly: *Warum ist die waagerechte Achse plötzlich eine x-Achse? Vorhin war es noch die k-Achse.*

Charlix: *Weil k ganze Zahlen bezeichnet und x reelle Zahlen. Die Dezimalzahlen sind wieder da.*

Charlene: *Könnte man auch hier die Fläche schraffieren?*

Lehrerin: *Aber gerne.*

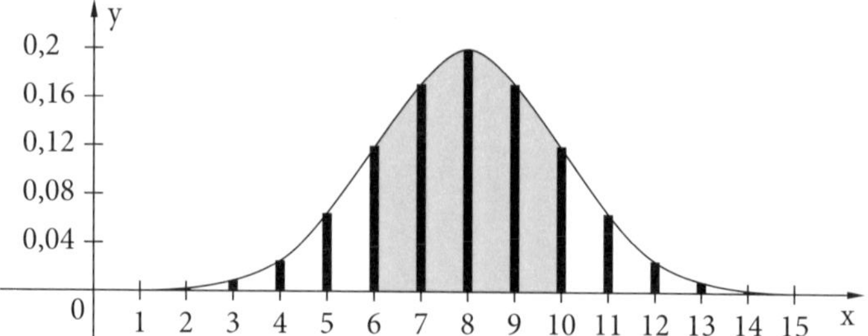

Charly: *Jetzt fällt mir auf, dass wir noch keine Wahrscheinlichkeiten berechnet haben.*

Lehrerin: *Betrachten wir die Binomialverteilung* $B_{15;\frac{8}{15}}$. *Wie kann man z. B.* $P(6 < X \leq 10)$ *berechnen?*

Vorteil: Zunächst ermittelt man eine bekannte Wahrscheinlichkeit.

Charles: *Mit dem Taschenrechner.* $P(6 < X \leq 10) = P(X \leq 10) - P(X \leq 6) \approx 0{,}9036 - 0{,}2187 \approx 0{,}6849$

Charlene: *Es ist ja nichts Neues. Was hat aber die Gaußglocke mit Wahrscheinlichkeiten zu tun?*

Lehrerin: *Bei der Bildung der Zeugnisnoten rechnen die Lehrpersonen bei allen Schülerinnen und Schülern zunächst aus, auf welcher Note sie stehen, mit vielen Dezimalen. Die Wahrscheinlichkeit, dass jemand zwischen 6 und 10 NP steht, ist genau der Flächeninhalt der schraffierten Fläche.*

Charlene: *Und wie kann man diesen Flächeninhalt ermitteln?*

Lehrerin: *Mit dem Taschenrechner. Unter „normalcdf" gibt man diesmal zunächst den Erwartungswert* $\mu = 8$ *und die Standardabweichung* $\sigma = 2$ *ein, anschließend die Grenzen 6 und 10. Der Rechner liefert den Näherungswert 0,6827. Die Befehle können von Rechner zu Rechner unterschiedlich sein.*

Charly: *Gar nicht schlecht! Die Wahrscheinlichkeit 0,6849 bei der Binomialverteilung ist ja fast dieselbe.*

Charlo: *Flächeninhalte kann man mit dem Integral berechnen.* $\int_6^{10} f(x)dx = F(10) - F(6)$. *Es fehlt nur noch eine Stammfunktion F von f, danach könnte man das Integral berechnen.*

Lehrerin: *Das geht aber leider nicht. Man kann für* $f(x) = \frac{1}{\sigma\sqrt{2\pi}} \cdot e^{-\frac{(x-\mu)^2}{2\cdot\sigma^2}}$ *keine Stammfunktion ermitteln.*

Charly: *Sie meinen: Uns fehlt der nötige mathematische Hintergrund, oder?!*

Lehrerin: *Das ist nicht der Punkt. Mathematiker und Mathematikerinnen können auch keine Stammfunktion aufschreiben. Diese gibt es zwar, aber sie ist uns nicht zugänglich. Das Phänomen ist euch aus anderen Zusammenhängen bekannt. Bei der Kreiszahl* π *oder mit dem Eulerschen Zahl e sind wir ja auch auf Näherungswerte angewiesen.*

Vorteil: Die Lernenden erfahren, dass der bekannte Ansatz an dieser Stelle nicht zum Ziel führt.

Charlene: *Wie berechnet dann der Taschenrechner den Flächeninhalt?*

Lehrerin: *Er wendet ein gutes Näherungsverfahren an.*

Charly: *Bei der Binomialverteilung* $B_{15;\frac{8}{15}}$ *kann man die Wahrscheinlichkeit einer 8 mit dem Taschenrechner berechnen. Sie ist etwa 0,2. Wie kann man nun die Wahrscheinlichkeit für eine 8 mit der Gaußglocke berechnen?*

Lehrerin: *Die Wahrscheinlichkeit für eine 8 ist mit der Gaußglocke null.*

Charles: *What?! Wie bitte?*

Lehrerin: *Nun, das entsprechende Integral ist* $\int_8^8 f(x)dx$ *und* $\int_8^8 f(x)dx =$ $F(8) - F(8) = 0$.

Charlix: *Die Fläche schrumpft in diesem Fall zu einer Strecke zusammen. Diese kann man als ein Rechteck mit der Breite 0 und Höhe f(8) auffassen bzw. Länge mal Breite ist 0 mal f(8), also null.*

Vorteil: Die Lernenden werden auf zwei Arten mit einem neuen Phänomen konfrontiert.

Charlene: *Diese Begründungen kann ich zwar in sich nachvollziehen, aber es ist für mich trotzdem schleierhaft, dass mit der Gaußglocke die Wahrscheinlichkeit für eine 8 als Zeugnisnote plötzlich null ergibt!*

Lehrerin: *Eine Zeugnisnote entsteht, indem Lehrpersonen das Ergebnis einer Vorrechnung auf eine ganze Zahl runden. Man bekommt im Zeugnis eine 8, wenn das Ergebnis der Vorrechnung zwischen 7,5 und 8,49 liegt. Berechnen wir nun die Wahrscheinlichkeit* $P(7{,}50 \leq X \leq 8{,}49)$ *aus! Der Taschenrechner liefert etwa 0,197.*

Charly: *Dies ist ja praktisch 0,2 – also das Ergebnis der Binomialverteilung!*

Vorteil: Der Zusammenhang zwischen Binomialverteilung und Normalverteilung wird vertieft.

Charlene: *Da bin ich aber erleichtert. Und ich glaube, jetzt habe ich das Beispiel viel besser verstanden.*

Charlo: *Wofür steht X bei P(7,50 ≤ X ≤ 8,49) eigentlich?*

Lehrerin: *X heißt* ***normalverteilte Zufallsgröße****. Auf diese Bezeichnung komme ich noch später zurück.*

Charly: *Apropos, Histogramme: Die Balken sind Rechtecke mit Flächen, aber die Wahrscheinlichkeiten sind ja bei Histogrammen keine Flächeninhalte. Das verwirrt mich jetzt.*

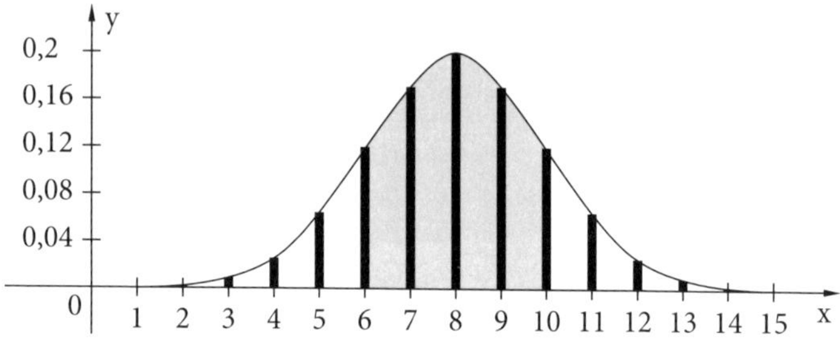

Lehrerin: *Die Balken stellt man als schraffierte Flächen dar, nur damit man sie besser wahrnehmen kann. Es geht also lediglich um die Optik. Inhaltlich gilt: Bei einem Histogramm sind die Wahrscheinlichkeiten die Höhen der einzelnen Balken und ausdrücklich keine Flächeninhalte.*

Vorteil: Die Lernenden können ein optisch irreführendes Missverständnis klären.

Charlix: *Bei einer Gaußglocke hingegen sind die Höhen keine Wahrscheinlichkeiten. Diese werden mit dem Inhalt von Flächen ermittelt.*

Charlo: *Wir haben bis jetzt nur mit Binomialverteilungen gearbeitet. Warum führt man plötzlich die sogenannte Normalverteilung mit der Gaußglocke ein?*

Lehrerin: *Dies ist eine gute und berechtigte Frage. Bei Binomialverteilungen kann man den Bereich der natürlichen Zahlen nicht verlassen, da es sich stets um Anzahlen handelt. Im Alltag kommen jedoch häufig „krumme Zahlen", also Dezimalzahlen und Brüche vor. Statt natürlichen Zahlen arbeitet man nun mit reellen Zahlen. Um auch diese erfassen zu können, ist die Normalverteilung mit ihrer Gaußglocke sinnvoll.*

Vorteil: Die Lernenden erkennen die Berechtigung und die Notwendigkeit der Normalverteilung.

Charlix: *Nur eine Kleinigkeit. Im Beispiel mit den Zeugnisnoten sind die Vorrechnungen vielleicht mit zwei oder drei Dezimalen berechnet. Das sind aber nicht alle reellen Zahlen zwischen 0 und 15, denn Dezimalzahlen mit 13 Dezimalen sind zum Beispiel nicht dabei.*

Charles: *Und?! Mich stört es ja nicht. Einige Dezimalen reichen ja im Alltag doch aus, oder?!*

Lehrerin: *Bei Berechnungen mit unendlich vielen Dezimalen wären alle reellen Zahlen dabei.*

Charles: *Bei einer Binomialverteilung gilt, dass die Summe aller Wahrscheinlichkeiten 1 ergibt. Gibt es etwas Ähnliches bei einer Normalverteilung?*

Lehrerin: *Ja, und zwar: Der Inhalt der Gesamtfläche zwischen Gaußglocke und x-Achse ist 1, also* $\int_{-\infty}^{+\infty} f(x)dx = 1$.

Charlix: *Es ist ein uneigentliches Integral mit den „Grenzen“* $-\infty$ *und* $+\infty$. *Wunderschön!*

Charlene: *Frau Lehrerin, müssen wir dieses uneigentliche Integral selbst berechnen können?!*

Lehrerin: *Nein, das wäre schon Unistoff.*

Charlene: *Eine Sorge weniger!*

Charly: *Zurück zum vorherigen Thema. Könnte man also sagen, dass man die Binomialverteilung sozusagen erweitert hat?*

Lehrerin: *Ja. Schaut euch bitte die folgende Abbildung an:*

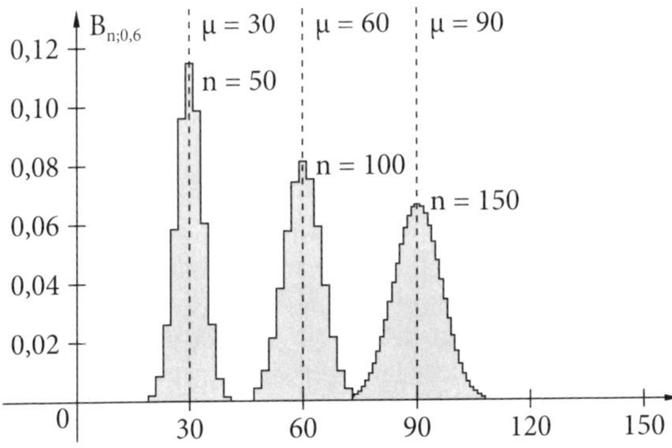

Charlene:	*Es sind ja drei getrennte Abbildungen. Könnten Sie uns diese bitte etwas erklären?*
Lehrerin:	*Aber gerne. Bei einer Binomialverteilung* $B_{n;\,0,6}$ *ließ man* $p = 0{,}6$ *unverändert und erhöhte n von 50 zunächst auf 100 und dann auf 150. Überall verband man die Spitzen der Balken und schraffierte die entsprechenden Flächen. Was kann man bemerken?*
Charlo:	*Die Abbildung ist für* $n = 50$ *noch nichtssagend, bei* $n = 100$ *zeichnet sich ein Trend ab, der für* $n = 150$ *bestätigt wird. Die Gaußglocke lässt grüßen.*
Lehrerin:	*Wenn n sehr groß wird, ähneln die Histogramme einer Gaußglocke. Eine Binomialverteilung kann man näherungsweise mit einer Normalverteilung beschreiben.*

Vorteil: Die Lernenden erfahren, wie aus Binomialverteilungen eine Normalverteilung entstehen kann.

Charlene:	*Wir haben viel Neues erfahren. Eine Zusammenfassung scheint mir jetzt sehr sinnvoll zu sein.*
Lehrerin:	*Gerade das hatte ich vor.*

22.2 Normalverteilung – eine Zusammenfassung

Die **Gauß'sche Glockenfunktion** hat den allgemeinen Term $\varphi_{\mu;\sigma}(x) = \frac{1}{\sigma\sqrt{2\pi}} \cdot e^{-\frac{(x-\mu)^2}{2 \cdot \sigma^2}}$. Der Graph ist eine sogenannte **Gaußglocke**. Diese hat einen Hochpunkt beim **Erwartungswert** μ und ist **achsensymmetrisch** zur Geraden $x = \mu$.

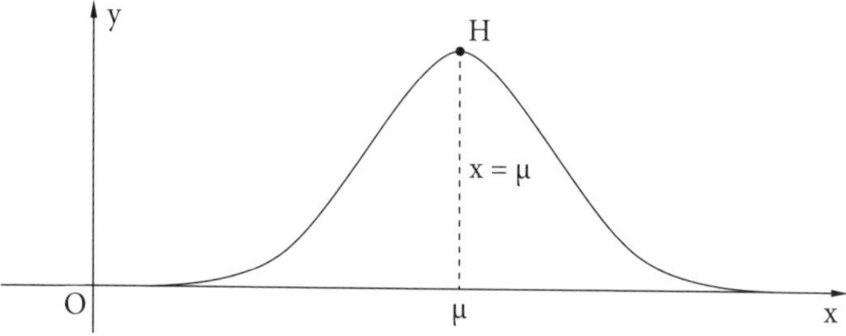

σ heißt **Standardabweichung**. Sie gibt die **durchschnittliche Abweichung** vom Erwartungswert μ an. Jede Gaußglocke hat genau zwei Wendepunkte, deren Abstand vom Erwartungswert die Standardabweichung σ ist.

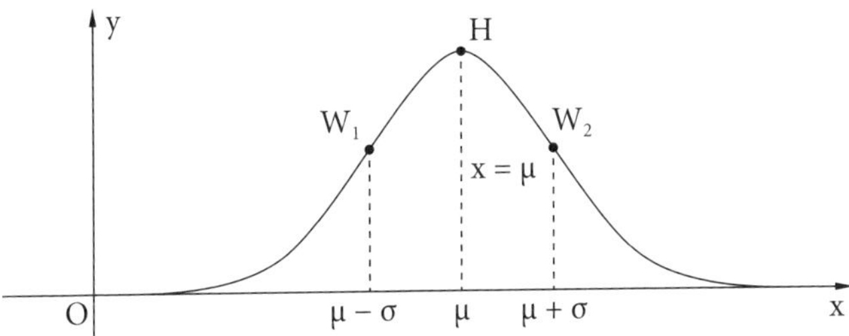

Man nennt X eine normalverteilte Zufallsgröße. Die **Wahrscheinlichkeit** $P(x_1 \leq X \leq x_2)$ ist ein **Flächeninhalt**:

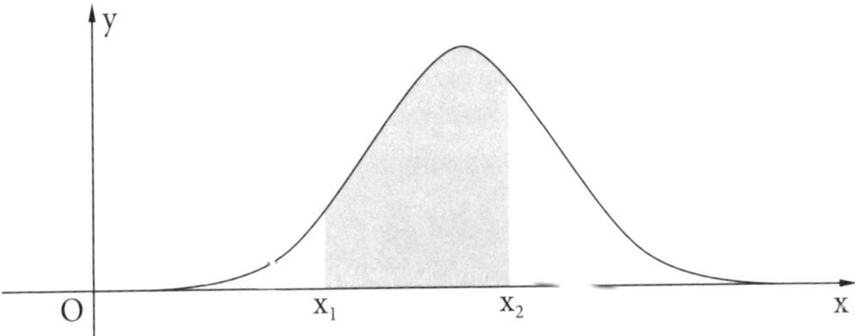

Es gilt: $P(x_1 \leq X \leq x_2) = \int_{x_1}^{x_2} \varphi_{\mu;\sigma}(x)dx$. Einen solchen Flächeninhalt kann man nur mit dem WTR näherungsweise berechnen. Unter „normalcdf" gibt man zunächst den Erwartungswert μ und die Standardabweichung σ ein, anschließend die zwei Grenzen x_1 und x_2.

22.3 Binomialverteilung und Normalverteilung im Vergleich

Vorteil: Das Wichtigste wird noch einmal zusammengefasst.

Eine **Normalverteilung** ist eine *stetige Verteilung*. Das bedeutet, dass die x-Werte einer *normalverteilten Zufallsgröße* beliebige *reelle Zahlen* der x-Achse sein können.

Eine **Binomialverteilung** ist hingegen eine *diskrete Verteilung*. Damit können die Werte, die eine *binomialverteilte Zufallsgröße* X annehmen kann, nur *natürliche Zahlen* in einem endlichen Bereich sein.

Die Darstellung der **Normalverteilung** ergibt eine *Glockenkurve*, die **Binomialverteilung** wird hingegen als *Histogramm* dargestellt.

Bei der **Normalverteilung** werden Wahrscheinlichkeiten durch *Flächeninhalte* dargestellt, bei der **Binomialverteilung** sind es die *Balkenhöhen*.

In unserem ersten Beispiel anschaulich dargestellt:

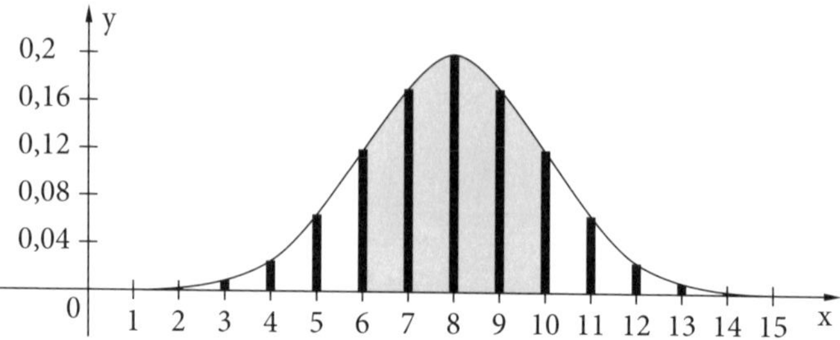

Normalverteilung: $P(6 < X \leq 10) = \int_6^{10} f(x)dx$. Es gilt

$f(x) = \frac{1}{\sigma\sqrt{2\pi}} \cdot e^{-\frac{(x-\mu)^2}{2 \cdot \sigma^2}}$, hier mit $\mu = 8$ und $\sigma = 2$.

Binomialverteilung: $P(6 < X \leq 10) = P(X = 7) + P(X = 8) + P(X = 9) + P(X = 10)$. Es gilt die Formel von Bernoulli.

$n = 15$ und p wurde als $\frac{8}{15}$ festgelegt, damit $\mu = n \cdot p = 15 \cdot \frac{8}{15} = 8$ wird,

also die Erwartungswerte sind gleich. Dies macht die beiden Wahrscheinlichkeitsverteilungen vergleichbar.
Gemeinsamkeiten beider Wahrscheinlichkeitsverteilungen sind der Erwartungswert und die Standardabweichung.
Eine Binomialverteilung kann man näherungsweise mit einer Normalverteilung beschreiben. In unserem Beispiel:

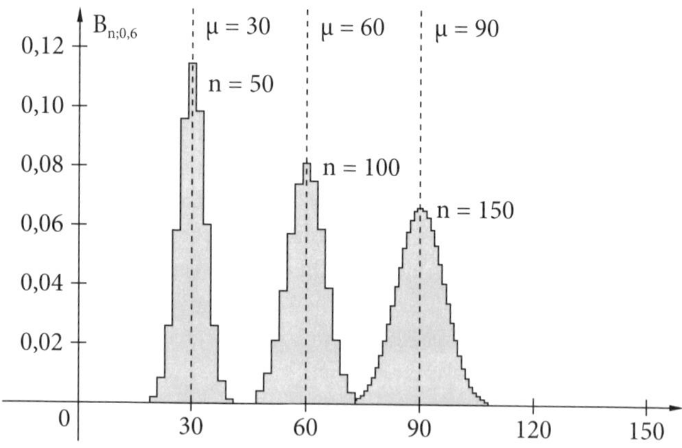

Je größer n, desto besser klappt die Annäherung.

Vollständige Induktion

23

Vorbemerkung: Das deduktive Denken dominiert in der Schulmathematik. Induktives Denken kommt selten vor. Die vollständige Induktion ist eine willkommene Gelegenheit, das induktive Denken in den Mittelpunkt zu stellen, es zu vertiefen und das Entdecken zu fördern.

23.1 Einführung

Die einzelnen Teile der Aufgabe werden nach und nach dargestellt und anschließend gleich gelöst.

a) Berechnen Sie die Summen:

$\frac{1}{1\cdot 2}+\frac{1}{2\cdot 3}=$

$\frac{1}{1\cdot 2}+\frac{1}{2\cdot 3}+\frac{1}{3\cdot 4}=$

$\frac{1}{1\cdot 2}+\frac{1}{2\cdot 3}+\frac{1}{3\cdot 4}+\frac{1}{4\cdot 5}=$

Ergebnisse: $\frac{1}{1\cdot 2}+\frac{1}{2\cdot 3}=\frac{2}{3}$, $\frac{1}{1\cdot 2}+\frac{1}{2\cdot 3}+\frac{1}{3\cdot 4}=\frac{3}{4}$,

$\frac{1}{1\cdot 2}+\frac{1}{2\cdot 3}+\frac{1}{3\cdot 4}+\frac{1}{4\cdot 5}=\frac{4}{5}$

Falls es niemandem aus der Klasse auffällt, kann die Lehrperson anmerken, dass es bei der Berechnung der Summen möglich und sinnvoll ist, auf die jeweils vorherige Summe zurückzugreifen.

Beispiel:

$$\frac{1}{1\cdot 2}+\frac{1}{2\cdot 3}+\frac{1}{3\cdot 4}+\frac{1}{4\cdot 5}=\underbrace{\frac{1}{1\cdot 2}+\frac{1}{2\cdot 3}+\frac{1}{3\cdot 4}}_{\frac{3}{4}}+\frac{1}{4\cdot 5}=\frac{3}{4}+\frac{1}{4\cdot 5}=\frac{16}{20}=\frac{4}{5}$$

Vorteil: Dies ist ein erster Vorgeschmack auf die Rechentechnik des Induktionsschrittes.

b) Wie lautet die nächste Summe und was ist wohl deren Ergebnis? Stellen Sie eine Vermutung auf.

Antwort: $\frac{1}{1\cdot 2}+\frac{1}{2\cdot 3}+\frac{1}{3\cdot 4}+\frac{1}{4\cdot 5}+\frac{1}{5\cdot 6}=\frac{5}{6}$

Aus didaktischer Sicht ist es sinnvoll, die Rechnung nicht zu prüfen, sondern es bei der Vermutung zu belassen.

c) Wie lautet das Ergebnis der folgenden Summe? Stellen Sie eine Vermutung auf.

$\frac{1}{1\cdot 2}+\frac{1}{2\cdot 3}+\ldots+\frac{1}{99\cdot 100}=$

Vermutung: $\frac{1}{1\cdot 2}+\frac{1}{2\cdot 3}+\ldots+\frac{1}{99\cdot 100}=\frac{99}{100}$

Spätestens jetzt ist klar, dass man diese Vermutung nur durch eine sehr lange und schwierige Rechnung prüfen könnte. Daher ergibt sich die Notwendigkeit einer anderen Methode.

Anstatt die allgemeine Summe $\frac{1}{1\cdot 2}+\frac{1}{2\cdot 3}+\ldots+\frac{1}{n\cdot(n+1)}$ zu betrachten, kann man zunächst die induktive Herangehensweise weiter vertiefen.

$$\frac{1}{1\cdot 2}+\frac{1}{2\cdot 3}=\frac{2}{3}$$

$$\underbrace{\frac{1}{1\cdot 2}+\frac{1}{2\cdot 3}}+\frac{1}{3\cdot 4}=\frac{2}{3}+\frac{1}{3\cdot 4}=\frac{9}{12}=\frac{3}{4}$$

$$\underbrace{\frac{1}{1\cdot 2}+\frac{1}{2\cdot 3}+\frac{1}{3\cdot 4}}+\frac{1}{4\cdot 5}=\frac{3}{4}+\frac{1}{4\cdot 5}=\frac{16}{20}=\frac{4}{5}$$

Vorteil: Jede Rechnung entspricht der Vorgehensweise beim Induktionsschritt.
Man spürt, dass man dieses Verfahren beliebig fortsetzen könnte. Die Zeit ist reif, einen Konjunktiv zu formulieren.

Frage: Wie könnte man die Vermutung $\frac{1}{1\cdot 2}+\frac{1}{2\cdot 3}+\ldots+\frac{1}{99\cdot 100}=\frac{99}{100}$ prüfen, wenn man wüsste, dass $\frac{1}{1\cdot 2}+\frac{1}{2\cdot 3}+\ldots+\frac{1}{98\cdot 99}=\frac{98}{99}$?

Antwort: Dann könnte man folgendermaßen vorgehen:

$$\underbrace{\frac{1}{1\cdot 2}+\frac{1}{2\cdot 3}+\ldots+\frac{1}{98\cdot 99}}+\frac{1}{99\cdot 100}=\frac{98}{99}+\frac{1}{99\cdot 100}=\frac{9801}{9900}=\frac{99\cdot 99}{99\cdot 100}=\frac{99}{100}$$

Das Ergebnis $\frac{99}{100}$ wäre bestätigt, die Vermutung wäre bewiesen.

Vorteil: Die Rechnung entspricht der Vorgehensweise beim Induktionsschritt.

23.2 Das Prinzip der vollständigen Induktion

Das bisherige Beispiel wird nun allgemeiner betrachtet.

Stellen Sie eine Vermutung für den Term $\frac{1}{1\cdot 2}+\frac{1}{2\cdot 3}+\ldots+\frac{1}{n\cdot(n+1)}$ auf.

Vermutung: $\frac{1}{1\cdot 2}+\frac{1}{2\cdot 3}+\ldots+\frac{1}{n\cdot(n+1)}=\frac{n}{n+1}$

Bezeichnung:

$$A(n)\colon \frac{1}{1\cdot 2}+\frac{1}{2\cdot 3}+\ldots+\frac{1}{n\cdot(n+1)}=\frac{n}{n+1} \qquad (*)$$

A(n) ist eine Aussage, in der eine natürliche Zahl n vorkommt.
A(1) ist in der Regel für Einige problematisch, da diese Aussage keine „richtige Summe" enthält.

A(1) erhält man, indem man in (*) statt n die Zahl 1 einsetzt. Auf der linken Seite ist der *erste* Summand $\frac{1}{1 \cdot 2}$ und der *letzte* Summand ebenfalls $\frac{1}{1 \cdot 2}$. Auf der linken Seite steht daher nur $\frac{1}{1 \cdot 2}$. Die rechte Seite ist $\frac{1}{1+1} = \frac{1}{2}$.
A(1): $\frac{1}{1 \cdot 2} = \frac{1}{2}$
Vorteil: A(1) kann die Klasse mithilfe der Lehrperson herleiten und nachvollziehen.
Die Lehrperson kann auf die Rechnungen von Punkt a) aus 23.1 zurückgreifen und diese mithilfe von Aussagen ausdrücken.

A(1): $\frac{1}{1 \cdot 2} = \frac{1}{2}$, A(2): $\frac{1}{1 \cdot 2} + \frac{1}{2 \cdot 3} = \frac{2}{3}$, A(3): $\frac{1}{1 \cdot 2} + \frac{1}{2 \cdot 3} + \frac{1}{3 \cdot 4} = \frac{3}{4}$ usw.

Zunächst betrachtet man den Bereich von 1 bis 100.
A(1) → A(2) → A(3) → A(4) → … → A(99) → A(100)
Vorteil: Diese Folgerungen kann die Klasse besser nachvollziehen. Bei c) in 23.1 hat man einige dieser Folgerungen bereits rechnerisch überprüft, inklusive der letzten Folgerung.
Nun geht man von 1 bis zu einer beliebigen natürlichen Zahl n und anschließend noch weiter.
A(1) → A(2) → A(3) → A(4) → … → A(n) → A(n+1) → …
Vorteil: Im Beispiel wird 99 durch n ersetzt und es geht noch weiter. Um zu zeigen, dass alle Aussagen stimmen, braucht man nicht alle Folgerungen zu prüfen.
Die Lehrperson kann jetzt das Dominoprinzip darstellen, zum Beispiel mithilfe von einigen Büchern, die sie in eine Reihe aufstellt und das erste Buch anschubst.

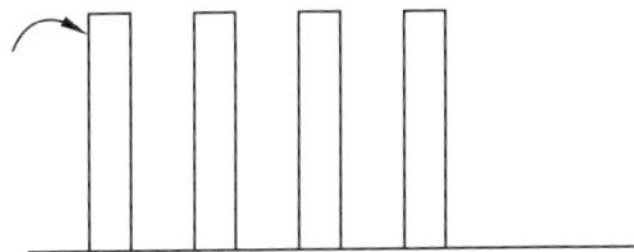

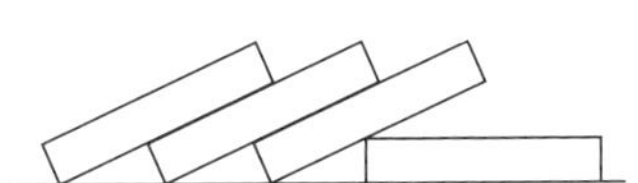

Das Dominoprinzip: Wenn in einer Reihe von Büchern das erste Buch fällt und wenn die Abstände zwischen zwei beliebigen Büchern klein genug sind, dann werden alle Bücher fallen.
Vorteil: Das Dominoprinzip kann man intuitiv nachvollziehen.
Satz (das Prinzip der vollständigen Induktion)
Wenn
I. A(1) stimmt
und

II. Aus A(n) folgt A(n + 1) für ein beliebiges n
dann
ist die Aussage A(n) wahr für jede natürliche Zahl n.

Bei dem Dominoprinzip	**Beim Prinzip der vollständigen Induktion**
Das erste Buch fällt.	Die Aussage A(1) stimmt.
Die Abstände sind klein genug.	Aus A(n) folgt A(n + 1).
Alle Bücher werden fallen.	Die Aussage A(n) stimmt für jedes n.

Vorteil: Eine Parallele zum anschaulichen Dominoprinzip führt zum besseren Verständnis.

23.3 Ein Beweis mit vollständiger Induktion

Die Aussage

$A(n): \frac{1}{1 \cdot 2} + \frac{1}{2 \cdot 3} + \ldots + \frac{1}{n \cdot (n+1)} = \frac{n}{n+1}$ wird nun mit vollständiger Induktion bewiesen.

I. (Induktionsanfang)

$n = 1$: $A(1): \frac{1}{1 \cdot 2} = \frac{1}{2}$ und es stimmt.

II. (Induktionsschritt)

Voraussetzung: $A(n): \frac{1}{1 \cdot 2} + \frac{1}{2 \cdot 3} + \ldots + \frac{1}{n \cdot (n+1)} = \frac{n}{n+1}$

Folgerung: $A(n+1): \frac{1}{1 \cdot 2} + \frac{1}{2 \cdot 3} + \ldots + \frac{1}{n \cdot (n+1)} + \frac{1}{(n+1) \cdot (n+2)} = \frac{n+1}{n+2}$

Bei der Folgerung kann die Lehrperson auf die Übergänge von 2 zu 3 oder von 3 zu 4 verweisen, siehe 23.1 a).

Beweis:

$$\underbrace{\frac{1}{1 \cdot 2} + \frac{1}{2 \cdot 3} + \ldots + \frac{1}{n \cdot (n+1)}}_{\frac{n}{n+1}} + \frac{1}{(n+1) \cdot (n+2)} = \frac{n+1}{n+2}$$

$$\frac{n}{n+1} + \frac{1}{(n+1) \cdot (n+2)} = \frac{n+1}{n+2} \quad | \cdot (n+1)(n+2)$$

$n(n+2) + 1 = (n+1)(n+1)$

$n^2 + 2n + 1 = n^2 + 2n + 1$ und es stimmt.

Damit ist bewiesen, dass A(n) für jedes n stimmt, also

$$\frac{1}{1 \cdot 2} + \frac{1}{2 \cdot 3} + \ldots + \frac{1}{n \cdot (n+1)} = \frac{n}{n+1}.$$

23.4 Eine psychologische Achillesferse der Induktion

Aus didaktischer und psychologischer Sicht erweist es sich als problematisch, dass die zu beweisende Aussage A(n) beim Induktionsschritt als Voraussetzung betrachtet wird. Wir regen an, diesen Aspekt gezielt zu thematisieren. An dieser Stelle zeigt das Autorenteam einen mathematischen Aufsatz in Form eines Dialogs zwischen einem Schüler und einer Lehrerin.

Es geht dabei um diesen Schritt:

$$\underbrace{\frac{1}{1\cdot 2}+\frac{1}{2\cdot 3}+\ldots+\frac{1}{n\cdot(n+1)}}_{\frac{n}{n+1}}+\frac{1}{(n+1)\cdot(n+2)}=\frac{n+1}{n+2}$$

Schüler: *So geht das nicht! Wenn wir wüssten, dass A(n) richtig ist, wäre die Aufgabe bereits gelöst. Wenn wir aber noch nicht wissen, dass A(n) stimmt, dürfen wir es doch gar nicht verwenden.*

Lehrerin: *Wir beweisen lediglich, dass wenn A(n) richtig wäre, dann wäre A(n + 1) auch richtig.*

Schüler: *Wenn das Wörtchen „wenn" nicht wär, wär mein Vater Millionär... Ihre Argumentation überzeugt mich gar nicht. Sie reden nur um den heißen Brei herum. Diese Spekulationen mit Konjunktiv lehne ich ab.*

Lehrerin: *Wir möchten zeigen: Aus A(n) folgt A(n + 1), und zwar für jedes n. A(n) ist die Voraussetzung, A(n + 1) die Folgerung.*

Schüler: *Einspruch! Ich kann mich noch gut erinnern, bei einer Aufgabe in der letzten Klausur habe ich die Voraussetzung und die Folgerung vertauscht. Ja, null Punkte habe ich dafür bekommen! Denn Sie haben mir mit Rot hingeschrieben: „Die Verwechslung der Voraussetzung mit der Folgerung ist ein grober Denkfehler." A(n) ist aber die Folgerung dieser Aufgabe, das müssen wir beweisen. Weil Sie aber A(n) als Voraussetzung betrachten, ist dies ein grober Denkfehler. Sehen Sie es mal endlich ein!*

Lehrerin: *A(n) ist letztendlich wirklich die Schlussfolgerung für die Aufgabe – für den Induktionsschritt aber ist A(n) die Voraussetzung. Dies ist der feine Unterschied.*

Schüler: *Aha... Das ist ja oberschlau! Jetzt habe ich es endlich verstanden.*

Vorteil: Ein heikler Punkt der Induktion wird aus Schülersicht thematisiert und geklärt.

23.5 Weitere Anwendungen

Aufgabe

Ermitteln Sie die Winkelsumme in einem konvexen n-Eck.

Lösung

Das Vieleck mit den wenigsten Eckpunkten ist das Dreieck. Daher gilt $n \geq 3$. Die Lehrperson gibt die Formel nicht an. Diese soll von der Klasse entdeckt werden.

$n = 3$: Die Winkelsumme im Dreieck beträgt 180° (linke Abbildung).

$n = 4$: Die Winkelsumme in einem Viereck beträgt $180° + 180° = 360°$ (mittlere Abbildung).

$n = 5$: Die Winkelsumme in einem Fünfeck beträgt $360° + 180° = 540°$ (rechte Abbildung).

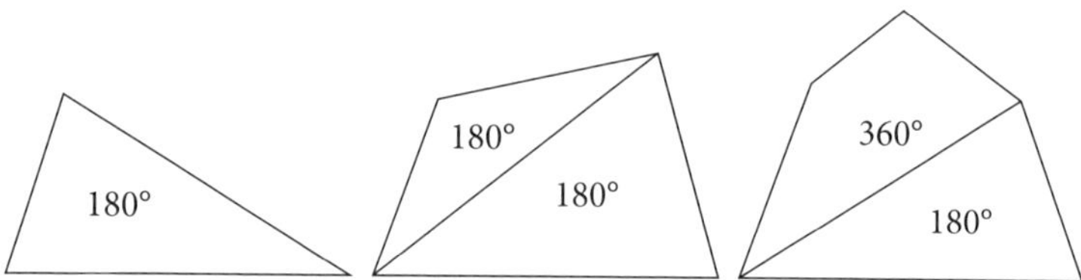

Um die allgemeine Formel leichter zu entdecken, kann man die bisherigen Ergebnisse so schreiben:

$n = \mathbf{4}$: $360° = 2 \cdot 180° = (\mathbf{4} - 2) \cdot 180°$

$n = \mathbf{5}$: $540° = 3 \cdot 180° = (\mathbf{5} - 2) \cdot 180°$

Vorteil: Die Klasse kann die Formel selbst entdecken.

Vermutung: Die Winkelsumme im n-Eck beträgt $(n - 2) \cdot 180°$.

Beweis mit vollständiger Induktion:

A(n): Die Winkelsumme im n-Eck für $n \geq 3$ beträgt $(n - 2) \cdot 180°$.

I. (Induktionsanfang)

$n = 3$: A(3): Die Winkelsumme im 3-Eck beträgt $(3 - 2) \cdot 180° = 180°$ und es stimmt.

II. (Induktionsschritt)

Voraussetzung: Die Winkelsumme im n-Eck beträgt $(n - 2) \cdot 180°$.

Folgerung: Die Winkelsumme im $(n + 1)$-Eck beträgt $(n + 1 - 2) \cdot 180° = (n - 1) \cdot 180°$.

Beweis:

Betrachten wir ein $(n + 1)$-Eck.

Dreieck, Viereck kann man zeichnen. Wie kann man aber ein n-Eck oder ein (n + 1)-Eck veranschaulichen? Die Frage ist berechtigt. Es geht, zum Beispiel so (linke Abbildung):

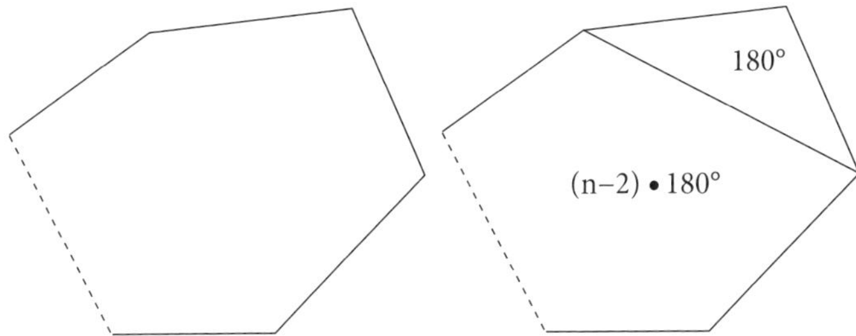

Die gestrichelte Linie deutet an, dass es dort weitere Ecken und Seiten gibt. Der Übergang von 4 auf 5 kann die Idee geben, auch hier eine Diagonale einzuzeichnen (rechte Abbildung).
Wenn man vom (n + 1)-Eck ein Dreieck abtrennt, bleibt noch ein n-Eck. Laut A(n) beträgt hier die Winkelsumme $(n - 2) \cdot 180°$ (rechte Abbildung).
Insgesamt hat man dann
$(n - 2) \cdot 180° + 180° = (n - 2 + 1) \cdot 180° = (n - 1) \cdot 180°$, was zu beweisen war.

Alternativlösung (ohne Induktion)
Man verbindet einen Punkt aus dem Inneren des n-Ecks mit allen Eckpunkten. Es entstehen n Dreiecke. Man erhält $n \cdot 180°$.

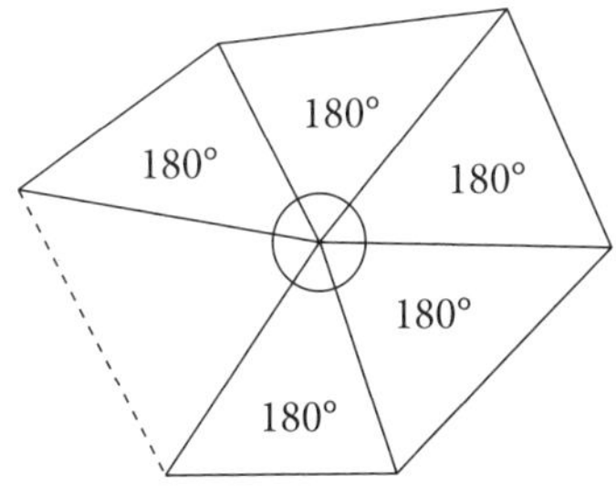

Davon muss man noch 360° abziehen:
$n \cdot 180° - 360°$
oder, 180° ausgeklammert:
$(n - 2) \cdot 180°$

Aufgabe
Es sei $f(n) = n^2 - n + 41$.
Berechnen Sie f(1), f(2), f(3), f(4), f(5) und f(6).
Welche gemeinsame Eigenschaft haben diese Zahlen?
Stellen Sie eine Vermutung auf und untersuchen Sie diese anschließend.

Lösung
$f(1) = 41$, $f(2) = 43$, $f(3) = 47$, $f(4) = 53$, $f(5) = 61$, $f(6) = 71$.
Alle Ergebnisse sind Primzahlen.
Vermutung:
$n^2 - n + 41$ ist eine Primzahl für jedes n.
Untersuchung der Vermutung
Weitere Berechnungen verstärken zunächst die Vermutung.
Sie trifft aber trotzdem *nicht* für jedes n zu. Tatsächlich:
$f(41) = 41^2 - 41 + 41 = 41^2$ ist *keine* Primzahl, da sie durch 41 teilbar ist.
Das obige Gegenbeispiel hat die Vermutung widerlegt, sie ist also nicht allgemein gültig.
Vorteil: Die Klasse erlebt, dass eine in mehreren Fällen bestätigte Vermutung sich als falsch erweisen kann.
Man kann Folgendes thematisieren: Egal wie stark eine Vermutung auch sein mag, solange sie nicht bewiesen wurde, bleibt sie eine Vermutung. Vermutungen kann man beweisen (wenn sie zutreffen) oder widerlegen (wenn sie sich als falsch erweisen). Einen Beweis muss man im allgemeinen Fall führen. Für eine Widerlegung hingegen reicht ein einziges Gegenbeispiel.
Die Lehrperson kann die Frage aufwerfen:
Warum redet man über vollständige Induktion und nicht einfach über Induktion?
Eine mögliche Erklärung: Eine nicht bewiesene Vermutung wäre „unvollständige Induktion", da es noch offen ist, ob die Vermutung zutrifft oder nicht. Erst mit einem Beweis wird die Vermutung „vollständig".

23.6 Deduktives Denken und Induktives Denken

Wenn man von einem allgemeinen Fall auf einen konkreten Fall schließt, redet man über **deduktives Denken**.
Wenn man konkrete Fälle verallgemeinert, redet man über **induktives Denken**.

Anschaulich:

Allgemeiner Fall

deduktives Denken ↓ ↑ induktives Denken

Beispiele, konkrete Fälle

Im Einführungsbeispiel bei 23.1:

$$\frac{1}{1 \cdot 2} + \frac{1}{2 \cdot 3} + \ldots + \frac{1}{n \cdot (n+1)} = \frac{n}{n+1}$$

deduktives Denken ↓ ↑ induktives Denken

$$\frac{1}{1 \cdot 2} + \frac{1}{2 \cdot 3} = \frac{2}{3}, \frac{1}{1 \cdot 2} + \frac{1}{2 \cdot 3} + \frac{1}{3 \cdot 4} = \frac{3}{4}, \frac{1}{1 \cdot 2} + \frac{1}{2 \cdot 3} + \frac{1}{3 \cdot 4} + \frac{1}{4 \cdot 5} = \frac{4}{5}$$

Im Schulunterricht ist das deduktive Denken weit verbreitet.
Beispiel: In jedem rechtwinkligen Dreieck gilt der Satz des Pythagoras. Dieses Dreieck ist auch rechtwinklig. Daher kann man den Satz des Pythagoras in diesem Dreieck anwenden.
Vorteil: Anhand von bekannten Beispielen werden die zwei Denkarten erläutert.
Das induktive Denken versucht, durch Beobachtungen an Beispielen allgemeine Regeln zu entdecken. Viele Sätze und Regeln der Mathematik sind die Ergebnisse von induktiven Denkprozessen, die im Schulunterricht leider nur wenig behandelt werden. Mathematikerinnen und Mathematiker hingegen denken häufig induktiv.
Beispiele aus dem Alltag belegen, dass in unserem Leben induktives Denken ansatzweise vorkommt.

Beispiel
Ein Kind beobachtet Tauben, Schwalben und Amseln. Irgendwann sagt er: „Papa, die Vögel fliegen!"
Das Kind hat eine wichtige Entdeckung gemacht und man sollte ihn mit dem Strauß nicht widersprechen.
Vorteil: Beispiele aus dem Alltag erhöhen die Akzeptanz der mathematischen Anwendungen.

Literaturverzeichnis

FURDEK, A. (2002): Fehler-Beschwörer. Typische Fehler beim Lösen von Mathematikaufgaben. Norderstedt: Books on Demand.

FURDEK, A. (2004): Fehlersuche als Bereicherung des Unterrichts. In: Praxis der Mathematik in der Schule, Heft 1/46, S. 48.

FURDEK, A. (2004). Zwei Schüler unterhalten sich über eine Aufgabe. In: $\sqrt[die]{WURZEL}$, Heft 2, S. 268–273.

FURDEK, A. (2006). Fehler in Kombinatorik und Wahrscheinlichkeitsrechnung. In: Praxis der Mathematik in der Schule, Heft 8/48, S. 40.

FURDEK, A. (2007). Tangente zum Schaubild – ein Krimi in fünf Akten. In: mathematiklehren, Heft 140, S 48–50.

FURDEK, A. (2008). Mephisto mischt im Matheunterricht mit. In: Praxis der Mathematik in der Schule, Heft 21/50 Jg. S. 34–36.

FURDEK, A. (2009). Wie unendliche Summen schwarze Löcher erzeugen. In: Praxis der Mathematik in der Schule, Heft 27/51 Jg., S. 38–40.

FURDEK, A. (2010). Vektorielle Geradengleichungen – Lernen aus Fehlern. Stark-Verlag, Unterrichts-Konzepte, in der Reihe KM73 E.1.2, S. 1–31.

FURDEK A. (2013). Pfadregeln und Gegenereignis – Veranschaulichung am Baumdiagramm. Stark-Verlag, Unterrichts-Konzepte, V.3.2, S. 1–22.

FURDEK, A. (2013). Notwendige und hinreichende Bedingung – von der Alltagssprache zur Fachsprache. Stark-Verlag, Unterrichts-Konzepte, K.3.2, S. 1–33.

FURDEK, A. (2016). Fehler als Bereicherung des Unterrichts – Anregungen und Gestaltungsvorschläge. In: Der Mathematikunterricht, Heft 3, S. 31–40.

FURDEK, A. UND BENKESER, M. (2007). Viele Wege führen aus Rom – ein Plädoyer für Brainstorming. In: Praxis der Mathematik in der Schule, Heft 14/49 Jg., S. 40–43.

FURDEK, A.; BENKESER, M. & DRAGMANN, D. (2021). Mündliches Abitur BF Gymnasium Baden-Württemberg. Stark-Verlag.

FURDEK, A.; BENKESER, M. & DRAGMANN, D. (2024). Denkfehler als Bereicherung des Mathematikunterrichts. Cornelsen-Verlag.

LAKATOS, I. (1979). Beweise und Widerlegungen. Die Logik mathematischer Entdeckungen. Vieweg-Verlag.

POLYA, G. (1963). Mathematik und Plausibles Schließen. Birkhäuser Verlag.